U1004272

天津市科协自然科学学术专著基金
资助出版

现代物理农业
工程技术概论

胡 伟 主编

天津科学技术出版社

图书在版编目（CIP）数据

现代物理农业工程技术概论 / 胡伟主编. — 天津：
天津科学技术出版社，2011.5
ISBN 978-7-5308-6332-9

Ⅰ.①现… Ⅱ.①胡… Ⅲ.①农业科学—应用物理学
Ⅳ.①S12

中国版本图书馆 CIP 数据核字(2011)第 081064 号

责任编辑：李敞华
责任印制：张军利

天津科学技术出版社出版
出版人：蔡　颢
天津市西康路 35 号　邮编 300051
电话（022）23332376（编辑室）23332393（发行部）
网址：www.tjkjcbs.com.cn
新华书店经销
天津新华二印刷有限公司印刷

开本 850×1168　1/32　印张 8.5　字数 178 000
2011 年 5 月第 1 版第 1 次印刷
定价：26.00 元

编 委 会

主　编　胡　伟

副主编　张宝乾　刘滨疆　陈　芳

编　写　宋　樱　赵昌娜　王庆莹

陈　勇　房　骏

序

当前，我国正处在由传统农业向现代农业转变的重要关头。关于农业的发展，我国政府已经确立了从优先重视量的增长变为质与量并重，从又好又快发展转变到科学发展的新理念。转变农业增长方式成为发展的必由之路。

探索新的发展道路，我们不能不严肃地审视目前的发展模式。以化肥、农药等投入品为标志的化学农业实实在在地促进了我国农业的发展，然而，这种发展所带来的负效应也让我们不得不深刻地反省。化学投入品品种和数量的不断增加，以及施用理念、施用方式、施用机械等多方面原因，使得农业生产环境的污染和农产品的污染，已经到了无以复加的地步。

现代物理农业工程技术的应运而生为解决化学农业所带来的弊端开创了一个新的途径。采用物理的方法来促进农产品增长、防治病虫害等，在我国已经有很长的时间了。很多科技工作者在生产实践中不断地进行总结、提炼，使得理论基础与技术规范在实践中不断地积累和发展。

在本书出版之前，现代物理农业工程技术只是作为一些单一的应用物理原理的工程技术在农业中应用。而现在，这些技术按照一定的规律形成了体系，已经成为一门新的交叉型学科。这门学科的创立不仅丰富了我国农业工程的内涵，而且扩展了我国农业装备业的领域。这是我国农业工程领域科技人员理论研究、大量实践和辛勤劳动的结晶，是对我国环境友好、资源节约、可持续发展农业的一大贡献。

现在，现代物理农业工程技术已经在我国农村开始应用，有关人员非常需要理论与技术的指导，因此，我们希望本书的出版能够有效地指导技术的示范和推广，同时推动我国现代物理农业工程学科从理论到实践的进一步发展。

李树君

亚洲农业工程学会主席

中国农业机械化科学研究院院长

2011年5月

前　言

现代物理农业工程是农业与物理学科交融的新兴学科，是一种新型的农业生产模式。它以电、磁、声、光、热等物理学原理为基础，应用特定的物理技术处理农产品或改善农业生产环境，有效提高农产品产量和品质，改善农业发展的生态环境，减少化肥和农药的使用，促进农业的可持续发展。

确定现代物理农业工程学科的首届全国现代物理农业工程技术发展研讨会 2007 年在天津召开，第二届学术研讨会亦于 2010 年在天津举行，标志着我国现代物理农业工程体系的形成，天津因此成为我国现代物理农业工程技术研究、实践的领先地区。这门交叉学科的创立不仅丰富了我国农业工程的内涵，而且扩展了我国农业装备业的领域。

现代物理农业工程技术正在全国扩散，各地纷纷开始了不同形式的试验、示范和推广工作。但是，由于现代物理农业工程学科成型时间不长，关于现代物理农业工程的正式的、系统的著述尚无，因此本书的出版无疑是填补这一空白，并将为该项工程技术在全国的发展铺平道路。

本书主要内容分为四章，从理论与实践两个方面对现代物理农业工程进行了论述。作者在书中论述了现代物理农业工程技术的发展历程、意义及与现代农业的关系，界定了现代物理农业工程内涵，分析了现代物理农业工程技术发展现状，解析了现代物理农业工程技术体系及其应用模式，分析了我国现代物理农业工程发展的影响因素、发展环境、推广应用模式、需求状况及发展方向。同时收录了现代物理农业工程研究主要文献资料目录、工程技术装备，以及现代物理农业工程发展进程中的大事记。

本书汇聚了大量研究资料，理论性与实用性并重，突出实践性。既阐述了现代物理农业工程技术的原理，同时又用大量实践数据来分析、研究技术应用情况。这对技术研究、装备开发和技术应用均有指导意义。本书也可用于技术应用的指导和高校教学。

本书承蒙天津市科协自然科学学术专著基金资助，作者深表感谢！

作　者

2011 年 5 月

目　　录

第一章 概 述

一、现代物理农业工程技术的概念

农业是人类赖以生存和生活的基础，更是现代社会国民经济的基础。无论现代社会经济如何发展、发达，农业在其中的作用与地位都是无可替代的。

农业是人类通过社会活动，利用自然环境提供的条件，促进和控制植物、动物、微生物的生命活动过程，也是人类为取得符合自身需要的产品而进行的由若干相关部门参加的整体活动的总称。农业是人类发展史上最古老的产业，在距今1万年前就出现了原始农业。农业这一概念有广义和狭义之分。狭义的农业仅指种植业，而广义的农业则包括农业、林业、牧业、副业、渔业。

按生产力的性质和状况，我们可将农业的历史演变划分为四个时期：

- 原始农业（距今约1万年至2000年前）；
- 古代农业（约2000年前至19世纪中叶）；
- 近代农业（19世纪中叶至20世纪中叶）；
- 现代农业（20世纪中叶至今）。

也可将它划分为原始农业、传统农业和现代农业这三个基本历史发展时期，其中，“传统农业”与“古代农业”的含义相近，现代农业中包括前面提到的近代农业。

在19世纪中叶之前，农业（种植业）的增产主要依靠物理的方法和技术，施用的是有机肥料或农家肥料。这样的生产方式在世界各国持续了数千年甚至更长的时间，对地球环境几乎没有造成不良后果或破坏，可以说，近代农业之前世界各国人民有意或无意的在客观上都是从事“物理”的农业生产方式。

中国农业历经千年的发展，经历了原始农业、自然农业、传统农业、化学农业的涤荡，也经历了发展，经历了沧桑，经历了困惑，经历了欣喜。在这一发展过程中，每次科技进步和每次生产工具的改进都给农业带来一次巨大的飞跃与发展，同时也带来了社会制度的变动。在古代，农业是主导产业，是国之根基、民之本源，所以当铜器时代到来时，社会便由原始社会进步为奴隶社会，一部分人便成为奴隶主；随着科技发展，社会进入铁器时代，大量的工具被发明并应用于农业生产，传统的精耕细作农业开始形成，社会也迈进了封建社会；随着蒸汽机的发明，社会进入工业时代，西方发达国家进入以大型机械代替传统农具的新型农业时代，也就是机械化农业的开始，这不仅提高了农业生产力水平，而且推动了社会变革。这时，现代的农业文明才真正形成。

在农业生产方面，人类从刀耕火种起步，建立了原始农业。这时候的生产工具的标志是石器、木棍等简陋的工具，之后是更先进的木制或铁制农具。这些生产工具不仅改进了农业生产方式，而且提升了农业的生产能力，使农业的产能不断扩大、增长，不断地满足人类物质生活的需求。近代以来，农业机械化的发展使农业生产方式发生了翻天覆地的变化，人类在生产实践中广泛采用机器作业，替代了大量的人畜力，极大地提高了农业劳动生产率和农产品产量。与此同时，品种及肥料与技术的革命又使农业生产发生了质的飞跃，特别是品种改良技术与化肥、农药在生产上的运用。在农业化学家李比希创立了植物矿质营养学后，化肥的使用掀开了农业的新篇章，它对产量的提升作用和对质量的改善作用是任何技术都难以比拟的。

大量化学用品诸如化肥、农药、农膜等的广泛应用极大地提高了农业生产的产量，为人类不断增长的需求提供了保障。但是，这些农业生产方式的应用和农业投入品的大量使用也带来了极大的危害。比如，长期的土壤翻耕带来美国20世纪的“黑风暴”以及我国近年来肆虐的沙尘暴；大量使用农药使得农产品农药含量超标，土地和水源受到污染。

人类发现了这一问题，并积极寻求新的农业生产模式，在保护环境、节约资源的前提下实现农业可持续发展，成为人类不懈的追求。现代物理农业就在这样的形势下应运而生了。

（一）现代物理农业

随着矿质营养学说的确立、近代科学技术的进步和农业化学的建立与发展，农业劳动生产率和土地生产率出现质的飞跃，为近代农业的快速发展起到了关键作用。以化学肥料、化学农药为代表的化学农业导致了近代农业革命。

化学农业是以石油、煤炭和天然气等能源的大量投入来获得高产出的农业生产模式，具有高产、高效、省力、省时、经济效益高等特点。但化学农业也存在着明显的问题，即能源耗费严重和环境污染加剧。随着人类因对农产品高产的不断追求而造成的对化肥和农药的不合理或过量使用，化学农业的负面效应也就日益严重。

由于近代科学技术的快速发展，出现了许多自然科学分支，各个分支之间不断进行相互交叉渗透，又诞生了诸多边缘学科、交叉学科，与物理相关的学科就有物理化学、生物物理学、天体物理学、医学物理学、生物物理化学等。现代物理农业工程科学也是其中的一支，是因现代物理学与农业工程科学相结合而形成的一门交叉学科。

实际上，任何事物的生命过程都与物理过程密切联系。现代物理学在农业中的应用日益广泛和深入，正在对农作物生长机制解析、生长活动促进做出新的贡献。

同时，物理学所提供的技术和方法也正在不断地广泛应用于农业生产实践之中，并得到不断的更新发展。

我们可以将物理学与农业科学的关系归结到两个方面：一方面，物理学原理是我们解析农业生物现象的重要理论基础；另一方面，现代物理学又提供了重要的技术和方法为我们开展农业生物科学研究开辟了新的途径。

此时，科学技术发展迅速，一系列交叉学科也得到长足发展，这其中包括物理学和农学的结合。随着物理学和现代农业的关系日益密切，越来越多的物理技术应用在农业生产中，为人类更广泛深入地研究现代物理农业提供了条件。越来越多的学者开始从事这方面的研究，并提出了应用物理技术方法来发展农业的思想，联合国也提出了“物理农业”的概念。

当代的物理农业已比之前的物理农业有很大的提高。为了与之相区别，我们称当代的物理农业为“现代物理农业”。同时这也区别于其他农业机械的作业方式，因为耕作、收获等机械的作业方式也可视为一种物理的方式。

目前，对“现代物理农业”还没有一个科学的定义，下面是目前较通行的提法。

马正义认为，物理农业是以电学、磁学、声学、光学、热力学等普通物理学与环境和生物等科学相互交叉形成的新学科、新理论为依据，以运用电、磁、声、光、热等物理方法为主要特征，以保障绿色无公害植物、畜禽、水产品安全、高效、优质生产为目标的农业产业。

胡伟认为，现代物理农业是当代高新物理技术和农业生产相结合的产物，是将电、磁、声、光、热、核等物理学原理通过一定的装备应用在农业生产中，运用特定的物理方法处理农作物，实现农业生产环境防控，减少化肥和农药使用，且达到增产、优质、抗病和高效的目的的一种新型农业生产模式。

侯天侦认为，就像化学农业是化学和农业的结合一样，物理农业则是物理学和农业的结合。物理农业是以电、磁、声、光、热、核等物理学知识和高新技术为基础，以信息化技术为核心的集成农业。它可减少化肥和农药的用量，同时达到增产、优质、抗病和高效的目的，并且保护生态环境。物理农业是实现生态农业进而实现人类社会可持续发展的重要途径之一。

刘滨疆则认为，所谓物理农业，是相对于化学农业而言的，它将电、磁、声、光、热、核等物理学知识和高新技术应用在农业生产中，通过特定的物理技术方法处理农作物，从而在减少化肥和农药使用量的同时，达到增产、优质、抗病和高效的目的，并有利于保护生态环境。

还有学者认为，所谓物理农业，就是以声、光、电、磁等物理要素提高光合作用的效率，促进植物生长，减少化肥、农药的使用量，从而达到作物稳产、增产，恢复耕地质量，阻止环境恶化与生态退化，实现农业持续发展的目的。它涉及电场对动植物生长发育的影响、低能粒子诱变育种机制、梯度磁场生物学效应、静电生物效应、电晕技术应用、激光诱变育种、辐射育种和保鲜等领域。

研究可知，上述专家学者提出的“物理农业”的概念与本书所要研究的“现代物理农业”是同一范畴。归纳起来，现代物理农业有如下的基本特征：

- 以物理学原理为技术基础；
- 化肥、农药等化学品的使用减少；
- 农产品产量和品质提高；
- 农业生产环境改善，生态环境得到保护。

结合有关研究，我们给出的现代物理农业的定义是，现代物理农业是以电、磁、声、光、热等物理学原理为技术基础，应用特定的物理技术处理农产品或改善农业生产环境，减少化肥、农药等化学品的投入，实现农产品增产、优质、抗病和高效生产的农业生产模式。从学科性质而言，它是一门涉及物理学、农学、环境科学等内容的交叉型新学科。

现代物理农业工程强调农业产业间的协调发展，改变传统农业依赖化学药剂的局面，构建合理的农业产业链，以实现农业在经济建设中的基础功能。现代物理农业生产模式是在先进的农业生产经营组织方式下，由新型的农业生产过程技术范式、优化的农业产业组合形式构成的，集安全、节能、低耗、环保、高效等特征于一体的现代化农业生产经营活动。

现代物理农业工程在产业发展中体现为：

- 一种与环境和谐的农业经济发展模式；
- 一种资源节约与高效利用型的农业经济增长方式；
- 一种产业链延伸型的农业空间拓展路径；
- 建设环境友好型新农村社区的新理念。

a. 现代物理农业工程是一种与环境和谐的农业经济发展模式。现代物理农业工程强调在生产链条上尽量减少化学制剂的投入，尽量减少自然资源消耗，尽量减少废弃物的排放，从而真正实现预防和全过程治理。

b. 现代物理农业工程是一种资源节约与高效利用型的农业经济增长方式。现代物理农业把传统的依赖农业资源消耗的线性增长方式，转换为依靠物理技术发展的增长方式，最大限度地保障水资源、土地资源、生物资源等的可再生性，提高各种自然资源的利用效率；运用农业高新技术及先进的实用技术，最大限度地释放资源潜力，减轻资源需求压力。

c. 现代物理农业工程是一种产业链延伸型的农业空间拓展路径。现代物理农业实行全过程的清洁生产，在产品深加工和资源化处理的过程中延长产业链条；通过物理农业产业体系内部各种物理农业装备的协同作用，建立起完整、闭合的产业网络，全面提高农业生产效益及农业可持续发展能力。

d. 现代物理农业工程是建设环境友好型新农村社区的新理念。现代物理农业工程遏制农业污染和生态破坏，倡导资源节约的经济发展方式和健康文明的消费模式，使农业生产真正纳入到农业纯生态系统中，实现生态的良性循环与农村建设的和谐发展，构建绿色农业经济体系。

（二）现代物理农业工程技术

多年来，国内外关于现代物理农业理论的探索以及现代物理农业装备开发的消息时有报道，国内外也早有激光育种、声波助长等技术的应用。我国20世纪60年代出版的《十万个为什么》里就有关于种子磁化、黑光灯杀虫、超声波育种等技术原理及其应用的简要介绍，只是因为没有形成一个技术体系，谈不上形成一个新兴的学科而没有引起广泛的关注和足够的重视。

随着科学研究的不断深入，更多的物理技术应用到农业生产当中，技术应用效果也开始得到社会各界的关注和认识。我国一些高等院校、科研院所、企业等单位逐步开展了有关现代物理农业工程技术与装备的开发研究工作，主要有种子磁化技术、植物声波助长技术、电子杀虫技术、空间电场防病促生技术等，而且技术也越来越成熟，越来越多样化，并逐步形成了相对健全的技术体系，我们将这些技术统称为“现代物理农业工程技术”。

（三）现代物理农业工程技术体系

目前，现代物理农业工程技术的应用范围越来越广，已经由种植业向畜禽养殖、水产养殖等领域逐步扩展，并受到越来越多的农民的认可，各级农业推广部门也开始关注和重视现代物理农业工程技术的推广应用。

现代物理农业工程技术体系概念被初步提出，并在实践中逐步形成。现代物理农业工程技术体系涵盖了现代物理农业中的相关技术的开发研究、装备的推广应用和技术应用评价等三大方面。

其中，技术开发是现代物理农业工程技术体系发展的核心，没有技术就没有整个体系的建立；而装备的应用是基础，只有装备得到应用，并在农业生产中发挥实效，才能体现整个体系的功能与价值；而技术应用评价是体系发展的保障，可展现技术应用效果，也可为技术开发和装备应用指明发展方向。

二、现代物理农业工程技术发展意义

20 世纪 50 年代以来，以化肥、农药为代表的化学农业引发了一场农业科技革命，它极大地提高了农产品产量，为提高全球粮食产量、解决饥饿问题做出了巨大贡献。

然而，长期大量或不当使用化肥、农药导致农作物中有害化学成分累积，农产品品质下降，而且还导致土壤有机质耗竭，其保水、保肥力降低，土壤结构被破坏等农业生态环境问题。农村环境不断恶化，农田生态系统不断遭到破坏，污染源增加、污染物增多、污染范围变广。农村生态环境恶化不仅直接影响了农产品质量和农民收入，破坏农村人居环境，而且严重阻碍了农村经济社会可持续发展。

为有效解决化学农业带来的种种危害，加之人们对食品安全和生态文明的日益重视，不少有识之士提出了用物理技术方法来替代化肥和农药使用的思路。现代物理农业是物理技术和农业生产的有机结合，作为一种新型的农业生产模式，它借助于各种适用于农业生产的物理技术和装备来提高农业生产力和农业生产科技水平。发展现代物理农业，探求农业生产新模式，对改善农业生态环境，促进农业增效、农民增收具有重要的现实意义。

（一）发展现代物理农业有助于解决化学农业的弊端

合理使用化肥、农药可以提高农作物产量，为农产品的有效供给提供有力保障。当前，我国已成为世界最大的化肥生产和消费国，约占全球的四分之一。2006 年，我国生产农用氮、磷、钾化肥达 53 450 500 t，化学农药原药 1 384 600 t；2007 年分别达到 58 249 800 t 和 1 764 800 t。2006 年化肥使用量达 49 277 000 t，农药使用量 1 537 000 t；2007 年达 51 078 000 t 和 1 623 000 t。

然而，化肥、农药的生产主要以石油、煤炭等资源为原料，化肥生产耗能量大，约占农业生产能耗的 50%。化肥、农药生产数量的逐年增加，无形中加剧了能源危机。

我国是农作物生产大国，同时也是病虫灾害多发国家。常见的农作物病虫害种类有 1 600 多种，这些病虫害的频繁发生，对农作物生长造成的不利影响日益突出。特别是蝗虫、稻飞虱、稻纵卷叶螟、小麦条锈病等迁飞性、流行性重大病虫，呈加重发生态势，严重威胁着粮食稳定发展。受异常气候和农业生态环境变化等因素的影响，今后农作物病虫害的发生形势将更加严峻。

由化肥、农药的不合理使用所造成的环境污染问题已经引起人们的广泛关注。国务院发展研究中心的相关调查显示，由于施药技术（农药剂型、施药工艺、施药器械）水平落后等原因，我国农药利用率仅为 30%～40%（发达国家可达 60%～70%），每年有将近 1 000 000 t 的药液流失到土壤、水体、大气或残留在农产品中，所造成的经济损失达到 150 亿元以上。而且，国内因农药残毒引起的食物中毒事件也时有报道，给人民生命安全带来极大的伤害。由于农药施用数量大、毒性高、影响广、持续时间长，其流失所造成的严重农业生态污染已影响到我国农村经济发展和新农村建设，加剧了我国城乡生态环境危机。

近年来，化肥、农药价格的不断上涨，已经成为我国农业生产总成本上升的主要原因，并且成为制约农业生产发展和农民收入增加的主要问题。根据国家发展改革委员会价格司编制的《全国农产品成本收益资料汇编 2006》，2005 年，我国三大作物（水稻、玉米、小麦）的化肥、农药平均投入占到生产成本的 27%（化肥占 23%，农药占 4%），是仅次于人工投入的最大一项。粮食价格上涨使得农民的增收价值的 34.8%被农资价格上涨所抵消，严重影响了农民种粮的积极性。由于资源的限制，农资价格还会不断上涨。

发展现代物理农业可以减少化肥、农药的使用，为有效解决化学农业所带来的种种负面效应提供一条新的途径，可以有效缓解能源危机、环境污染、农资价格上涨等问题带给农业发展、农民增收的压力，有利于我国农业的可持续发展。

表 1-1 现代物理农业与化学农业比较

化学农业	现代物理农业
化肥、农药催化效应快，肥、药源受气候影响大，在雨天或暴晒下，肥、药源流失性强，效率低，对土壤有酸化作用	催化效应比化学方法更快，肥、药源几乎不受自然天气影响，无流失，效率高 。对土壤无不利的影响
在使用时间和使用量上有严格限制；农药杀虫不能做到全面控制，而且害虫、益虫会一同被杀灭	在对使用时间和使用量的限制上比较宽松。杀虫可以做到全面控制，可有效保护天敌
化肥使用不当会产生不良后果，补救比较困难	即使使用不当，也不会产生不良后果

续

化学农业	现代物理农业
污染空气和环境，农产品农药残留量高	无毒、无污染，绿色环保。可生产出绿色、有机、无公害农产品
生产过程中，对作业人员的身体健康有害	使用安全可靠，对作业人员的身体健康无害
对土壤的培养有害无益，长期使用会造成土壤板结，地力下降	对土壤具有营养培育作用
不能促进作物早熟	促进作物早熟 7～15 d，农产品可提前上市
不能改善农产品品质，而且农产品中有不同程度的农药残留	改善农产品品质，提高含糖量，提高各种维生素含量
提高产量靠大量使用化肥，带来农产品品质下降，污染环境，地力下降	不带来负面影响，并提高产量 10%～50%

从物理农业和化学农业的特点比较中不难看出，物理农业具有显著的优势。它避免了化学农业造成的地力衰退、环境污染、农产品品质下降，甚至危害人体健康的弊端。现代物理农业既有利于保护生态环境，又可促进绿色、无公害农产品的生产；在提高了农产品的经济价值的同时，又有利于人的身体健康。所以，发展现代物理农业的经济效益、社会效益和生态效益都是相当可观的。

（二）发展现代物理农业有助于增强我国农产品市场竞争力

随着生活水平的提高，人们对农产品的品质也提出了更高要求。自 20 世纪 90 年代，我国农业生产进入数量安全和质量安全并重的新阶段后，我国就明确提出发展高产、优质、高效、安全农业的目标。根据2003—2007年37个城市蔬菜中甲胺磷、乐果等农药残留监测结果，我国蔬菜质量安全总体合格率持续上升。2007年1月、4月两次监测，蔬菜中农药残留平均合格率为93.6%，畜产品、水产品质量安全总体合格率呈上升态势，产地药残抽检合格率稳定在95%以上。这一态势增强了我国农产品的国际竞争力，出口贸易稳步增长。

虽然从统计数字上看，我国农产品总体质量有很大改善，但还不能满足目前国际形势发展的要求。另一方面，国外技术壁垒、绿色壁垒正在削弱或部分抵消我国传统出口农产品的优势。例如，农药残留无法满足进口国要求，一些发达国家凭借自己在科技、管理、环保等方面的优势，设置了技术法规、标准、合格评定程序等壁垒，对我国外贸出口特别是农产品出口设置了新的“门槛”。而发展现代物理农业不仅可以提高农作物的产量，而且能够有效提高农产品品质，从而提升我国农产品的市场竞争力。

（三）发展现代物理农业有助于提升我国农业装备水平

农业装备是先进生产力的代表，是提高农业经济效益的根本手段。为鼓励、扶持农民使用先进适用的农业机械，促进农业机械化，建设现代化农业，2004年6月25日，第十届全国人民代表大会常务委员会第十次会议通过了《中华人民共和国农业机械化促进法》。2008年中共中央1号文件还明确提出，加快推进农业机械化，加强先进适用、生产急需的农业机械的研发。

近年来，我国农业机械化水平不断提高，装备保有量不断增加。但从整体而言，我国农业机械机型落后，技术状态差，装备科技含量有待提高。以装备化为支撑的现代物理农业已经开发出一系列先进适用的农业装备，这些装备以不同于其他农业装备的作用形式来提高农业生产水平，实现农产品的增产、优质，从而不断提高农业的生产技术水平和效益水平。

不仅如此，现代物理农业装备应用还从种植业逐步扩展到了畜禽养殖、水产养殖等产业，而且取得了良好的应用效果。

现代物理农业工程技术实现了机、电、仪及信息化技术的有机结合，提升了农业装备的科技含量；随着现代物理农业装备的进一步发展和应用，现代物理农业这一安全、无污染和高效的生产模式已成为农业机械化发展的新领域。

综上所述，发展现代物理农业对解决化学农业的诸多弊端、增强我国农产品市场竞争力、提升我国农业装备水平具有十分重要的意义。

然而，我国现代物理农业尚处于发展的起步阶段，研究成果分散，对现代物理农业工程技术、装备开发和推广应用等进行系统研究还不足，还有很多的未知数、未知空间，并且存在一些争议。因此，我们有必要对我国现代物理农业工程技术理论、技术体系进行深入的研究，找出其发展的优势与不足，为我国现代物理农业的宏观推进提供理论依据和对策建议，从而促进我国现代物理农业科学发展。

三、现代物理农业工程与现代农业的关系

所谓现代农业，实质是以现代科学技术及其应用、现代工业技术和装备、现代管理手段、现代农产品加工技术、现代农产品流通营销技术等为基础，产供销结合的高效率和高收益的新型农业。现代农业突破了传统农业的发展方式，将先进的农业科学技

术及装备应用于农业生产的每个环节。生产力的发展、科学技术的进步，是传统农业向现代农业转变的强大动力。现代农业弥补传统农业的不足，同时也缓解了能源危机以及工农业发展不平衡的经济问题。

现代农业是专业化、集约化、规模化的农业，其基本特征主要是：

a. 广泛应用现代科学技术与装备。先进的科技是现代农业发展的关键要素。在分子生物学、物理学、信息科学、工程科学等的基础上，育种、栽培、土壤改良等农业科学技术水平迅速提高并得到广泛应用。

b. 农业生产社会化、专业化和商品化。

c. 重视保护生态环境。近年来，世界各国在农业发展中更加注重生态环境的治理与保护，重视土、肥、水、药和动力等生产资源的节约和高效使用，在应用自然科学新成果的基础上探索新的农业发展模式。

通过以上分析比较，我们可以看出，现代物理农业是现代农业的一个有机组成部分，它不是脱离现代农业而独立存在的农业体系，而是为现代农业服务的一种新型的农业生产模式。它更显现出良种、良法、良器和农机、农艺、农业经营模式的有机融合。充分体现了农业经济增长方式的转变，即从单纯追求产量的生产方式，向产量增长、环境友好、节能减排的生产方式转变，从传统的直接促进农产品增长，转变到更多的关注产品质量、生态环境上，使传统农业从此步入了科学发展的现代农业。

现代物理农业将“两高一低”（资源的高消耗、污染物的高排放、物质和能量的低利用）的农业增长方式转变为“两低一高”

（资源的低消耗、污染物的低排放、物质和能量的高利用）的新型农业增长方式，因此，现代物理农业本质上是现代农业生产技术方式上的革命，是传统农业的升级。

现代物理农业经济模式借鉴工业生产方式，把清洁生产思想和无公害农业理念应用到农业生产和经营中，提倡农业生产全过程和农产品生命周期全过程预防和控制化学污染的发生。

我国现阶段农业主要以西方现代农业为基础，使用大剂量的农药。农药施用引发的问题，主要是农药利用效率不高，品种搭配不合理，大量施用农药。尤其是高毒农药，其残留通过各种渠道汇流到水体中，从而引起大面积的污染。根据《中国经济年鉴》资料，我国农药的施用量由1990年的7.33×10^6 t增加到2005年的1.46×10^6 t，十五年施用量翻了一番。生产的农药品种从1990年的5个发展到2004年的313个。

我国农药利用率很低，一般来讲，只有10%～20%的农药附着在农作物上，其余则流失到土壤、水体和空气中，在灌水与降水等雨淋作用下污染地下水。

另一方面，我国农药中杀虫剂、杀菌剂、除草剂的使用比例约为2:1:1（发达国家使用比通常为2:1:2），而且农药总量中化学农药占总量的93.3%，生物农药仅占6.7%，化学农药中高毒、高残留农药占30%以上。

我国农药使用量过大、使用效率低、使用比例不合理，已经成为制约我国农业持续发展的限制因素。虽然农作物可在短期（1～3年）获得丰收，但是我们付出的环境代价过高，难以持续增产。农药的不合理使用严重制约了我国农业产业升级，阻碍了我国农村的发展，挫伤农民的耕作积极性。

而物理农业技术可以代替现代农业中使用的农药、杀虫剂、杀菌剂、除草剂等，最大限度地降低这些化学制剂的使用，从根本上杜绝农药残留。同时，应用物理技术，不会使得病菌和害虫产生抗药性，因而不需要对特定病虫害进行长期跟踪调研，是防治病虫害的理想方式，符合节约社会资源的要求。

在生产投入层面，现代物理农业吸收传统农业的精华，以新型工业化的思路提高效益与效率，同时注重高新技术特别是清洁生产技术在农业领域的应用，在保持高产的基础上用高新技术投入替代化学物质的投入。

我国化肥投入的主要问题是：化肥施用量过高、肥料配比不合理和流失严重等问题。在过去的 10 多年中，全国化肥的施用量从 1990 年的 25 900 000 t，增加到 2005 年的 47 660 000 t，占全世界平均消费量的四分之一，达 300 kg/hm^2，远远超过国际上为防止水体污染而设置的 225 kg/hm^2 的化肥使用安全上限。

化肥的投入与作物的产出存在最大边际效益。目前，我国化肥施用量过多，现阶段依靠化肥的投入已经达到期望的经济效益。如果在施用适量化肥的基础上应用物理技术，就可以使化肥的作用事半功倍，增加作物的产量和质量，降低农业生产成本，保护生态环境，为新农村建设提供良好生态环境。即在农业生产中推行清洁生产，遏制过量施用化肥、农药和过度机械作业，避免耕地污染、土壤质量下降，促进资源的永续利用，实现农业生产的技术生态化、过程清洁化和产品无害化，从而有效改善农村生存环境质量。

在产业协作层面，现代物理农业在不断提高农业产业化水平的基础上构建农业及其相关产业的生态产业体系。重点是对农业系统内部产业结构进行调整和优化，实现农业产业链的延伸与扩展，进而实现农业生态系统层次和区域层次的资源多级利用及生态的良性循环。

在生产与生态效益层面，现代物理农业提倡利用无毒无害的物理资源，农业产量和农产品质量有较大的提高，农业生产成本却反而降低，经济效益和生态效益明显提高，农业实现真正意义上的可持续发展，并以产业为纽带，以绿色生产手段和绿色消费方式实现农村环境的优美。

第二章　现代物理农业工程现状

一、国内外现代物理农业工程技术研究综述

（一）现代物理农业工程技术在种子处理方面的研究

传统的种子处理技术已经被广大农民接受和普遍应用，然而应用传统技术进一步提高作物产量已经出现难度，为此，不少研究人员开始探索研究其他种子处理技术。

前苏联最先在北极地区利用太阳能照射技术来处理农作物种子，并广泛应用于水稻、棉花、马铃薯、胡萝卜等农作物的种子处理。经太阳照射的水稻、棉花种子的发芽率分别比对照组提高15%～25%；马铃薯块茎中的淀粉、甜菜块根的含糖量、小麦和大麦籽粒中氨基酸的含量均有所增长。太阳能照射技术不仅使作物的生长发育进程加快，产量明显增加，而且还可提高作物的抗寒与抗病虫害能力，延长贮存期限。

哈萨克斯坦共和国大学生物物理科研生产联合体研究成功专门用于处理农作物种子的激光器，其处理种子的能力为3.5 t/h。经过该装备处理，农作物可增产200～300 kg/hm^2；甜瓜成熟期可提早15天，糖和维生素C的含量也有所提高。

大连水产学院的杨桂娟、白亚乡利用高压静电场处理大麦、

甜菜、玉米等农作物种子来观测处理剂量对种子及发芽种子超弱发光的影响，结果表明，不同处理剂量的静电场均能提高干种子及发芽种子的超弱发光强度，且在一定处理剂量范围内，处理剂量与超弱发光强度呈现一定的相关性。

邓红梅等人采用强度为 20 kV/cm、时间为 20 s 的高压静电场处理干、湿两种状态的黄瓜种子，结果表明，经静电场（20 kV/cm，20 s）处理，在萌发期，干、湿两种黄瓜种子的各项生理指标均比对照组有显著的提高，而且高压静电处理吸胀种子比处理干种子的效果更为明显。

李晓光等人研究发现，含水量在 10%～15%的正常农作物种子具有电解质的特性。因此，当置于静电场中，种子可被极化，且能荷水平提高，活力增强。

长春市农机发展服务中心通过汇集上万个试验数据和田间现场实际测产证明，等离子体种子处理技术对多种农作物有显著的增产增质效果，且无污染，装备操作简单，运行成本低，深受农民欢迎。

中国农业大学王敏等人利用自制大气压等离子体装置对黄瓜种子进行处理，研究了不同电压的大气压等离子体处理对黄瓜种子萌发及幼苗生长的影响。试验研究结果表明，大气压等离子体处理种子可提高种子活力，6 290 V 和 6 630 V 电压的处理效果较佳。装置简易，操作方便，不污染环境。

天津农学院机电工程系通过频谱仪的电磁波对种子进行辐照处理，以探究频谱仪的电磁波对种子产生效应的机理。试验表明，种子频谱处理技术可以有效提高种子的发芽势和发芽率，使种子发芽快、齐、匀、壮，种子活力提高 30%～50%，节约种子 15%～

20%，增产 5%～10%，并且可延长种子贮藏时间。

王忠分析了谷物色选机的工作原理、主要性能指标及影响色选机工作性能的主要因素，指出，目前国产谷物色选机在国内外市场上占有一定的份额，但大都属于中低档产品，在光电探测元件、光源光谱特性、双面色选技术、控制系统抗干扰能力等方面而还需要进一步改进。

南京农业机械化研究所的胡良龙等人针对种子加工选后处理的传统与常规技术存在的问题和不足指出，随着国际选后种子物理处理技术的发展，国内除应重点开展种子物理处理技术的基础性研究外，还要在引进、消化、吸收的基础上加强对新型技术装备的研发，逐步实现相关农业技术装备的产业化。

（二）现代物理农业工程技术在促进植物生长方面的研究

早在北宋时期，沈括和王均分别在他们的著作《梦溪笔谈》和《碧鸡漫志》中就记载，作曲家桑景舒创作虞美人曲，使江南的一种草闻曲舞动枝叶。这是有文字记载的最早的植物声学实验。一百多年前，英国的达尔文给含羞草吹奏巴松的乐曲，希望用音乐引起它的羽状复叶运动。虽然未能成功，但他却坚信声波可以被植物匹配吸收，引发植物谐振，从而促进植物生长发育。

国外有学者研究了超声波对植物细胞的影响，得出了适当低强度超声波不会对植物细胞造成伤害，相反能促进细胞生长的结论。

还有一些学者研究噪音除草技术，一方面利用声波刺激促进杂草快速生长，进而采用人工方法除草；另一方面采用声波刺激抑制杂草的生长。

美国丹·卡尔逊研究了声波和化学肥料联合作用下植物的生长发育问题。在现代信息理论的启发下，丹·卡尔逊结合当今生物科学的最新成就，经过大量和长期的试验研究开发出一门新兴的声波技术。通过喷洒某种配方的叶面肥料，植物体在生理生化方面产生一系列有益的变化，表现出抗性增强、品质提高、产量增加等特点。

美国研究了一种播放声波使农产品增产的方法。该方法向植物播放用计算机合成的高频声波(3～4 kHz)，促使植物的叶脊气孔开放，然后喷施含有 50 多种天然微量营养素的液体来促进作物生长（增产幅度可达 3 倍），改善产品口感与营养价值，保持其新鲜度。在对黄瓜和玉米的实验中发现，原来在一个部位只结 1 果，经声波处理，坐果数可达 3 果；在对木瓜的实验中发现，一般只结 30 个果实的植株，经声波处理，坐果数可高达 135 个。

意大利专家通过试验发现，音乐可促进葡萄藤茁壮生长。佛罗伦萨大学设立研究项目，调查了解音乐对葡萄的助长作用。观察结果表明音乐确实对葡萄生长有影响，音乐不仅可以避免葡萄藤滋生寄生虫、霉菌和细菌，还能吓跑侵害葡萄藤的动物。

韩国水原市国家农业生物技术研究院的科学家根据植物对光和触摸做出反应的特性，提出了植物也许对声音有反应的设想。研究小组在实验室中给水稻播放 14 首古典乐曲，发现水稻基因对这些音乐没有任何反应。之后改为以特殊频率播放一些声音，结果水稻中两种基因“rbcs”和“Ald”在 125～250 Hz 的声波中变得活跃，而在 50 Hz 以下的声波中变得不活跃。研究还证实，这两种基因对光有反应。

侯天侦的实验证明了“植物具有类似于人体和动物的经络控

制系统”，发现了植物经络系统的穴位，提出了植物控制系统的理论，创立了植物经络学说。根据环境因子选择相应的谐振波，这些波直接作用于植物神经脉络上的穴位，与植物共振，刺激植物的光合作用，促进植物的营养吸收，加快植物的生长。

我国天西林业局勘察设计院近年来对云杉 3～5 龄苗进行了声肥技术的试验，研究结果是声波对树木生长有一定的作用，树木增高幅度为 1%～20%，低频声波的作用效果略好于高频声波。声波对云杉苗高影响不大，主要是因为云杉针叶外部有一层蜡质，气孔小且位置较深，声波打开气孔不明显。

重庆大学生物工程学院自行研制了植物生长声波促进装置，以声波刺激为加载方式，以优良水稻种子为研究对象，研究了声波刺激对种子发芽率、发芽指数、幼苗高度、鲜重相对增加率以及生根、分根能力、根系活力和质膜通透性的影响作用。研究结果表明，400 Hz、106 dB 声波是对水稻种子刺激的最佳频率与声强，这时水稻种子的分根数明显增加，根系发达，质膜通透性降低，抗逆性增强。而一旦频率超过 4 kHz、声强超过 111 dB，则对水稻种子有明显损伤作用。这表明，适当的声波刺激对一些植物的生长具有促进作用。

华南师范大学生命科学学院用声波刺激木本植物中华猕猴桃茎段的愈伤组织，并测定对比声波前后其 ATP 含量及变化情况。实验结果表明，声波对猕猴桃愈伤组织 ATP 的含量有比较明显的增强或抑制的双重效应，适度的声波刺激有利于提高植物的能量代谢水平。

东北农业大学的魏学海设计了一种植物音频促长装置，实现了大功率音频信号的播放，并且在东北农业大学园艺站用该装置对菠菜进行音频处理。结果表明，植物音频促长装置对菠菜的生长有明显的促进作用。

与此同时，也有专家对植物声频控制技术提出质疑。中国科学院植物所叶和春研究员认为，虽然植物接受声和自发声的现象早在20世纪50年代就被上海植物生理所验证，但以此为基础形成的“植物经络学说”还需要进一步的研究证明。目前在一流期刊上还没有相关学术论文，也未曾得到普及和应用。中国农业大学生物学院植物生化系主任张臣秋认为，在田间大棚里培育产品要靠异地试验多年，有三年的反复期，才能看出结果。一般来说，他们研制出的产品带来的增产率最高也只是10%，对声波技术可使玉米增产达到38%以上的报道表示怀疑。

（三）现代物理农业工程技术在改善农业生产环境方面的研究

现代物理农业工程技术在改善农业生产环境上是从控制农业生产过程中的病害入手的，它有效减少农药（杀虫剂）的使用，保证食品的安全、无污染。现代物理农业工程技术在病虫害防治方面进行了大量研究与实践，部分技术已经得到推广和应用。

李旭英、刘滨疆等人研究空间电场对植物吸收CO_2和生长速度的影响，采用红外线CO_2分析法揭示了空间电场的极性对植物吸收CO_2的速度有显著影响，且正向空间电场能显著促进植物对CO_2的吸收。最后得到正向空间电场与足量的CO_2浓度相配合能大幅度提高温室蔬菜生长速度，使作物产量倍增的结论，为建立空间电场促进植物生长技术提供了理论依据。

大连市农业机械化研究所依据空间电场防病促生长理论研制了空间电场 / CO_2同补控制病害系统，可有效控制温室气传病害、生理性病害等的传播，而且对土传病害、病毒性病害的预防也有明显的效果。空间电场在与 CO_2 进行同补时可显著促进植物吸收 CO_2，降低 CO_2 补偿点，增强光合作用。空间电场技术还可以应用在食用菌生产上，接种房电净化洁净系统在白灵菇、杏鲍菇等出菇房内的应用试验表明该技术防病试验效果显著，病害稀少，接种成功率达到99%。

针对土壤线虫这一温室作物的第一病害，马正义、刘滨疆等人研究了土壤线虫的电处理方法，这一方法防治线虫的高效性、使用可靠性、操作方便性优于目前线虫防治领域中的其他技术手段，特别是其装备的使用方法和处理工艺等对作物生长的防控具有广泛的适应性，满足了作物生长期间预防与杀灭线虫的双重要求。

昆虫对光的趋性是它在进化过程中形成的最主要趋性之一，利用昆虫对光的趋性来防控害虫已有悠久的历史。长期以来，人类利用昆虫的趋黄性（黄粘板）来诱杀蚜虫等害虫。1964年，我国农业生产上大面积采用黑光灯诱杀农业害虫。随着农产品无公害生产及害虫防治科学的发展，人类对害虫的趋光性及其应用技术研究取得了较大进展，如今人们较多地使用电子杀虫技术。电子杀虫灯利用紫外线光源引诱农业害虫扑灯，光源外设置高压电网将扑灯的害虫击杀。杀虫灯的推广应用，能减少人们对农药尤其是剧毒化学农药的使用量，对改善食品的质量有明显作用，是生产无公害农产品的有效措施。

二、我国现代物理农业工程技术发展历程

归纳分析相关物理技术在农业生产中的应用研究情况，我们

可以将现代物理农业工程技术的发展历程分成三个阶段。

（一）第一阶段：技术储备阶段

这一阶段是在20世纪70年代前，其基本特征是，技术研究零散，现代物理农业的理念还没有形成，没有引起社会关注。

物理技术在农业生产中的应用由来已久，而对现代物理农业发展具有标志性意义的是20世纪中期，国际上兴起的声生物学。它最先应用在畜牧业中，当时就有关于用优美的琴声增加乳牛产奶量和母鸡产蛋量的报道。在植物上应用最早的是，法国人切诺伊用声音处理啤酒场的大麦来提高大麦种子发芽率；法国声学研究所和前苏联用贝多芬乐曲促进西红柿、甜菜的增产；日本先拓公司用雅乐处理温室蔬菜。这些成功应用案例为现代物理农业的开端进行了有益的探索。

到20世纪60年代，国内外学者开始研究静电场、空间电场、磁场等物理技术对植物的作用，并取得了大量的研究成果。

静电场技术研究主要集中在静电处理种子(果实)和植株两个方面。例如，用小间距高压静电场处理小麦、大麦、绿豆、水稻、油菜等植物种子可显著提高种子活力、发芽势、发芽率，并提高农作物产量，增加农作物抗严寒、抗病虫害的性能；而小间距高压静电电离空气产生离子和一定浓度的臭氧，可实现果蔬保鲜。

空间电场技术能促进植株生长、增强代谢活性，并能促进根部对离子的吸收等。

到20世纪70年代，日本、前苏联等国开始了对磁场处理的生物学效应研究。日本研究发现，磁场技术有助于种子早发芽，促使作物提早成熟，增加开花数量，提高作物产量。

我国在此期间还开始了辐射育种技术研究，在全国范围推广应用黑光灯杀虫技术等等。这些物理技术在当时农业生产中发挥了重要作用，但限于当时这些研究分散在不同的研究领域和不同的科研部门中，并且不像化学农业那样有理论基础，加上当时化学农业的弊端在我国还没有引起大家的关注，因此现代物理农业的发展没有得到重视。

（二）第二阶段：技术试验示范应用阶段

这一阶段是在20世纪70年代后，其基本特征是，技术研究分散，提出物理农业理念，部分省市开始推广应用，引起社会关注。

20世纪80年代，我国开始研究磁生物学在农业生产中的应用，出现了磁灌溉、磁化水处理、磁化肥等技术。这些曾经是当时的热点。之后，航天技术的迅猛发展使得航天育种技术也得到长足的发展。但太空农作物的生产成本极高，普及有一定难度，而且使用效果有待进一步地改进与创新。于是仿造太空环境来实现相同育种目标的技术在不断地研究。

到20世纪90年代，我国一些科研单位开始研究电场生物效应，特别是在电场处理种子与保鲜方面的研究。

随着纳米技术的发展，纳米材料逐步运用于农业。例如，纳米二氧化钛在农业杀菌自净中的广泛运用，实现了无耗能的材料表面长期杀菌。

1992年，我国召开了全国首届农业物理技术研讨会，石元春院士在大会报告中提到，19世纪，矿质营养学说的确立、农业化学的建立和发展，以及由此产生的（以化学肥料、化学农药为代表）化学农业技术导致了农业革命，使农业生产作物产量大幅度增加。由于物理学与物理技术、工程技术的进展，以及有关理论与技术在农业的广泛应用，发展农业物理学、研究应用物理手段的农机技术措施（简称物理农业技术）已经具备了条件。我国农业基础脆弱、环境污染等问题已成为制约我国经济社会发展的几个重要问题。

而在国内掀起发展现代物理农业的高潮是在 20 世纪 90 年代初期，以关于植物声频控制技术的研究为标志。此前，侯天侦一直在美国研究植物声频控制技术，曾组织国内外 7 所院校及研究所的 14 位学者对作物声频控制技术进行跨学科攻关。从植物的电、声、热、核等生物物理特征的测定、植物的光合作用、呼吸代谢以及运动周期等方面的研究中，发现和实验证明了“植物具有类似于人体和动物的经络控制系统”，提出了植物控制系统的理论，创立了植物经络学说。

1995 年 11 月，江苏省农科院原子能利用研究所召开了第二届全国农业物理应用技术研讨会，此次研讨会的宗旨是促进学术交流，促进学科横向联系，促进农业物理学发展。会议讨论了发展物理农业对于发展我国“两高一优”的持续农业具有不可替代的重要作用。一致认为，物理农业技术在我国经过了长期的曲折道路，许多物理农业技术，如磁肥、“光助素”以及一些电场处理方式已在农业生产中大面积应用。

内蒙古大学应用静电场处理甜菜种子使甜菜的含糖量增加 0.5 度以上，已累计推广达 165 khm^2，经济效益超亿元。激光用于生物诱变和育种取得显著成绩，全国已育成新品种 42 个，并获得一批有价值的突变种质资源，产生了巨大的经济效益和社会效益。

此外还有一些物理农业工程技术的应用研究，例如，核辐射处理农副产品应用研究，静电场、中子处理鱼虾幼苗应用研究（产量提高 5%～15%），梯度磁场处理土豆应用研究（试验平均增产 20%～25%），电场对植物生长发育的影响应用研究，低能粒子诱变育种应用研究，静电生物效应研究，辐射育种和保鲜应用研究等等，并在电场、离子注入的生物效应方面提出了具有说服力的理论，为农业生产运用这些技术提供了依据。

此次研讨会还指出了影响当时物理农业技术深入研究的主要问题是“分散”。“分散”主要表现在三个方面，一是研究队伍分散，即从事物理农业研究的人员分散在农业、生物学、物理学等不同的研究部门；二是发表的论文和报道分散在全国上百种刊物上；三是获准的科研项目分散，仅被获准为国家自然科学基金的就分散在三个学部的数十个学科中。这种状况造成一些研究工作在类似水平上重复进行，不利于学科的发展、基础问题的研究和重大问题的突破。

之后，随着技术研究的深入和推广应用力度的加大，种子处理技术、声波助长技术、电子杀虫技术、功能水技术、温室空间电场防病促生技术等物理技术在全国大部分省份得到不同程度的推广应用，并且得到国家的重视和支持。

（三）第三阶段：技术体系建立及学科初步形成阶段

这一阶段的基本特征是，经过多年的研究与实践，现代物理农业工程技术体系基本建成，学科初步形成。

2006 年 11 月 21 日，中国农业机械学会和天津市农业机械局在天津市召开全国现代物理农业工程技术发展研讨会。全国现代物理农业工程技术领域的有关专家学者、科技工作者及现代物理农业装备生产企业参加会议。会上，大家就当前国内现代物理农业工程技术的发展情况作了深入的探讨，为进一步了解和认识现代物理农业工程技术搭建了平台。

图 2-1　现代物理农业与生态环境讲坛

2007 年 5 月，天津市科学技术协会举办了现代物理农业与生态环境讲坛（图 2-1），国内从事现代物理农业工程技术研究和推广领域的专家就现代物理农业工程技术发展现状和趋势以及当前现代物理农业主要应用技术等进行深入交流。此次会议认为，现代物理农业工程技术的应用是农产品增产、增效、增收的新途径，对提高我国农产品附加值和竞争力，构建资源节约环境友好型社会具有重要意义。

2008 年 4 月，农业部设施农业生物环境工程重点开放实验室邀请侯天侦对现代物理农业研究现状及进展在中国农业大学做专题报告。

2010 年 3 月 9—11 日，由中国农机学会主办，中国农机学会青年工作委员会、天津市农机学会承办，天津市农机推广站、大连市农机研究所协办的第二届全国现代物理农业工程技术发展研讨会在天津召开。

图 2-2　第二届全国现代物理农业工程技术发展研讨会

来自全国 16 个省市自治区的 140 余位业内人士参加了会议。农业部农机化司刘宪副司长，农业部农机化技术推广总站丁翔文站长、郭建辉副站长，天津市科协白景美副主席，中国农机学会刘瑞雯、张振新副秘书长等领导出席了会议开幕式 。开幕式由天津市农业机械局副局长、天津市农机学会理事长胡伟主持。

刘宪副司长在讲话中指出，2010 年，我国要加快农业发展方式的转变，农机化自身也要转变发展方式，从注重数量、速度向注重数量、速度、结构优化、质量提升方向发展。实现这些转变，科技创新十分重要。现代物理农业工程技术是科技创新的尝试，实践证明前景好。天津在这方面做了大量工作，率先示范使用并宣传推广。希望全国农机推广部门学习借鉴，用先进的装备和新技术来装备农业。

会议报告指出，现代物理农业工程技术是近年来我国农业科技领域引人关注的一个新兴学科，它集成了物理、机械、电子和农艺等相关学科知识，应用特定的物理方法处理农作物。实践表明，它在缩短蔬菜、水果等农作物生长时间，提高农作物产量和农产品质量，有效减少农药用量，大幅度减少农药残留，有效杀灭土壤微生物和土传病虫害等方面，都有比较明显的效果。它是我国农业现有的完全依赖化肥、农药保障生产的化学农业向节本增效、环保绿色的“低碳”农业转变的一种有效途径。

目前，我国已经开发应用的现代物理农业工程技术和设备主要有植物声频助长、种子处理、电子杀虫、空间电场防病促生、磁化水、功能水以及土壤连作障碍电处理等技术和设备，在天津、大连、黑龙江、新疆、浙江、江苏等地已有应用。

本次会议上，我国现代物理农业工程专家首次提出了现代物理农业工程技术体系概念，第一次进行了该项工程技术的评价研究、讨论。会议还讨论了现代物理农业工程装备的市场需求与市场空间。

同时，现代物理农业工程研究与教学开始步入我国高校。中国农业大学、浙江大学、青岛农业大学、江苏大学等院校分别开展了现代物理农业工程理论研究与教学实践，并开始在研究生教育中讲授现代物理农业的相关课程，并培养了现代物理农业工程研究方向的硕士研究生。

2010 年 9 月 19 日，“2010 国际农业工程大会”在上海举行。现代物理农业工程研讨会成为大会的第八分专题会场。现代物理农业工程技术首次进入了国际学术交流活动。

会议提出，我国现代物理农业工程技术体系由促进农产品生长技术、改善农产品生长环境技术、农产品质量检测技术、农产品加工处理技术以及现代物理农业生产模式、现代物理农业工程评价系统构成。

同时，我国现代物理农业工程学科研究与应用团队也逐步形成，开展了一系列的基础理论研究、装备研究和生产应用研究。研究成果及研究团队为现代物理农业工程技术的发展起到了强有力的支撑作用。

三、我国现代物理农业工程技术发展现状

现代物理农业工程技术包含的技术种类较多，经过多年的发展，已经有了不少研究成果。我国已经有几十家科研机构和企业研究开发现代物理农业装备，在我国农业生产中发挥着积极作用。现代物理农业工程技术基本从三个方面发生作用，一是促进农产品增产；二是改善农产品生长环境，如防治病虫害、洁净环境等；三是农产品初加工或品质检测。

目前，现代物理农业工程技术主要有以下九大类。

（一）种子处理技术

种子是不可替代的生产资料，对种子进行处理是改善种子品质，

实现农作物增产的重要手段之一。20 世纪 80 年代后期，人们对农作物的增产研究更多地转向采用物理方法（非纯机械作用）处理种子，从而实现防治病虫害、提高发芽率、促进作物生长发育的目的。

目前，推广应用的种子处理技术主要有种子磁化技术、种子等离子体处理技术、种子电场处理技术三种。

1. 种子磁化技术

国内外大量研究表明，适当强度的磁场处理农作物种子具有明显的增产作用。CJ-III型磁场种子处理机（图 2-3）采用多级交变磁极处理结构进行落种处理，种子在磁场处理正向效应规定的磁场强度范围内受到微磁化和物质结构扭变处理。

带有微磁性的种子在播种后会与土壤形成生化、物理互作，将周边的微量元素吸引至种子表皮，为丰产构建物质基础，而扭变的种子膜结构会在土壤固液混合相组成的活性环境中得到修复。

图 2-3　磁场种子处理机

2. 种子等离子体处理技术

种子等离子体处理技术是仿照太空的等离子体环境，即在机器内部形成光、电、磁、活性离子、臭氧和变速运动的空间，使种子接受短时间、低强度、微剂量的物理能量的综合作用，加快种子酶的转化，增强可溶性糖和可溶性蛋白，从而有效提高种子活力和抗逆性的种子处理技术。

应用效果表明，种子经过等离子体处理后，后期作物均表现出苗齐、苗壮、根系发达、长势旺盛、抗病性强等特点，作物产量提高，作物品质有效改善。

但是，等离子体处理的种子的下一代不能作为种子使用，否则，有可能减产；而且，不用于处理以根茎、枝条或其他方法繁殖的植物，以避免植物因该技术而发生变异。

3. 种子电场处理技术

播种前的种子是一种惰性物质，其内部的正负电荷处于杂乱无序的状态。只有在播种后，经过大自然电场的缓慢作用，种子内部的正负电荷才会逐渐按顺序排列，种子才产生一种生长的趋势，从而萌发和生长。

种子电场处理技术就是通过模拟大自然的电场效应，给种子施加比自然界电场强若干倍的电场力，使种子内部正负电荷在播种前就有序排列，从而有效缩短种子在土地里的萌发期，催动种子较快发育。

经电场处理过的种子比未处理过的种子早出苗、出全苗、出匀苗、出壮苗。天津市溢通实业发展公司研制生产的电场种子处理机通过高压电场来催动种子发育，提高种子内部多种酶的活性，使农作物在发芽、出苗、生长等方面优势明显，从而达到优质高产的目的。公司研发了介电种子精选处理机则可进一步提高种子的纯度。

目前，处于试验研究阶段的种子处理技术还有种子频谱促生技术、种子超声波处理技术和辐射技术。

（1）种子频谱促生技术

天津农学院应用频谱仪处理作物种子，经过对比试验发现，该技术可提高种子发芽势和发芽率，种子发芽快、齐、匀、壮，种子活力提高30%～50%，节约种子15%～20%，增产5%～10%，而且延长种子贮藏时间。

（2）种子超声波处理技术

有研究表明，匹配的低强度超声波作用于植物细胞时，可提高细胞膜和细胞壁的通透性，提高细胞的新陈代谢。在播前进行种子超声波处理可打破种子休眠，促进种子萌发、生长，从而实现早熟和增产。

（3）辐射技术

有研究表明，对种子进行低剂量射线照射处理可刺激种子生长发育，并使种子形态、生理生化等发生有益的变化。

（二）土壤连作障碍处理技术

土壤连作障碍处理技术主要解决土壤连作所带来的有害微生物浓度过高、土传病害猖獗、游离态营养元素匮乏、土壤pH有较大改变等问题。该技术主要依靠土壤溶液的电化学反应来杀灭土壤微生物、消解作物的自毒作用和改善土壤营养状况，同时改变土壤的团粒结构，形成利于作物根系生长的土壤团粒的环状分布，以及众多的水分横向输送管道与纵向的气体输送通道相交织的微细管路，从而促进作物形成发达的根系。

土壤连作障碍处理设备通以直流电后，可使土壤产生剧烈的理化反应，产生大量的氯气、臭氧、酚类气体，这些气体在土壤团粒间隙中的扩散就是灭菌消毒的过程。另外，土壤团粒结构、土壤胶体结构、土壤氧化还原特性以及水环境的剧烈变化改变了土壤微生物的生活环境，进而改变微生物种群活性，最终消解土壤重茬病害。

该设备主要用于对温室、大棚、露地土壤的病虫害和根系有害分泌物等连作障碍的处理，而且可用于改良土壤（特别是盐碱地）。

（三）声波助长技术

声波助长技术是建立在植物的声学特性与植物生长发育之间的关系以及外界因素对植物影响的研究基础上的。声波本身是一种能量。对植物施加特定频率的声波，当声波的频率与植物本身固有的生理系统波频相一致时，就会产生共振，从而提高植物活细胞内电子流的运动速度，促进各种营养元素的吸收、传输和转化，增强植物的光合作用，促进植物生长，防治作物早衰，延长盛果期，提高坐果率，促进果实增长，达到增产、优质和早熟的效果。

另外，谐振波还能提高植物在生长旺盛期的呼吸能力，这对病菌分泌的毒素有破坏作用。

目前国内生产的声波助长设备有以下两种。

一是青岛物理农业科技发展有限公司研发的植物声频发生器。该设备可依据不同作物及当时的温度和湿度选择不同频率的波段对植物施加特定频率的声波，操作简单。

二是大连市农业机械化技术推广站研发的声波助长仪（图 2-4）。该设备可使果菜类果实普遍早熟 5～15 d，各种农作物增产幅度都在 20%以上，打药次数减少 20%～50%，果实糖度显著提高，收获后果实耐储。

图 2-4　声波助长仪

（四）电子杀虫技术

植物保护是一项重要的防灾减灾措施，与生物、自然、社会、经济等多种因素密切相关。

全球气候多变、粮食安全形势严峻、国际农产品市场竞争日趋激烈、公众对农产品质量安全要求普遍提高，对植物保护工作提出了新挑战。

农业产业结构调整和农村土地流转政策的推行，促进了农业的集约化和规模化经营，涌现出大批种田大户，使原来一家一户分散的病虫害防治趋向于有组织化的防治方式。同时，大批青壮年农民外出务工，留守农民的农业生产能力多数较弱，加上病虫害防控的技术性很强，因此植物保护社会化服务的需求逐年增加。特别是农产品的农药残留隐患突出的地方，改变传统分散的病虫害防治方式日益紧迫，创新植物保护服务方式势在必行。

我国植物保护工作正在实现“三大转变”：一是防控重点由

粮食作物向粮食作物和经济作物统筹转变，特别是蔬菜、水果、茶叶等园艺作物病虫害的防控工作；二是防控策略由主要依赖化学防治向综合防治和绿色防控转变，特别是生物防治和物理防治等非化学措施的应用；三是防控方式由分散防治方式向专业化统防统治转变，特别是提升防治工作的组织化程度和科学化水平。

电子杀虫技术就是在这种形势下发展起来的无害化杀虫技术。电子杀虫技术利用昆虫的趋光性、趋波性、雌雄飞蛾趋性等特点，采用具有特定光谱的光源和灭杀装置对害虫实施物理灭杀。这项技术不仅能够减少杀虫剂的使用、延缓害虫的抗药性，而且对天敌的杀伤作用也较白炽灯、高压汞灯和黑光灯为轻，可诱杀棉铃虫、金龟子、松毛虫等 1 000 多种害虫。该技术也广泛应用于养殖业，诱杀的害虫可作为家禽和水产养殖的天然饵料。

电子杀虫灯一般分为频振式和互感式两种，电源供给有交流供电、直流供电、太阳能电池供电等形式。目前，全国生产电子杀虫设备的企业有十多家，产品型号、规格等因生产厂家、应用领域的不同而不同。其中，河南佳多科工贸有限公司生产的频振式杀虫灯和大连农机技术推广站研制的 3DS-15 型电子杀虫灯，其体积小、便于悬挂，适用于露天和温室作物以及菇棚、畜禽养殖场；北京益环伟业公司生产的多款太阳能杀虫灯适合于平原、山区、丘陵等不同地形的户外使用。目前，电子杀虫设备已经实现批量化生产。

2001 年，广西引进 50 台频振式杀虫灯，试验示范取得良好的效果；2002—2004 年开始对这项技术进行技术推广；2005 年，广西实施“万家灯火”项目，频振式杀虫灯进入全面应用阶段。到目前，广西已推广应用了 6.5 万台，覆盖面积近 184 000 hm^2，涵盖了各类主要农作物，每年减少杀虫剂使用量按 100%纯度算有 1 600 t。

2006 年，河南佳多科工贸有限责任公司以频振式杀虫灯为核心技术的“农业害虫监测系统及灯光诱控技术研发与应用”获得国家科技进步二等奖。

到 2009 年，频振式杀虫灯在全国 32 个省市区应用近 57 万台，每季平均减少农药使用 2～3 次。

（五）温室补光技术

受市场需求的推动，现在各地普遍采用温室大棚生产反季节蔬菜、瓜果、花卉等。由于温室结构、卷放帘时间、棚膜上的尘土露水等的影响，温室内一般光照不足，为此，可用温室补光技术给温室作物补光增温，来提高作物产量和品质。

目前，从温室光源的使用及性能来看，常用的光源主要有普通光源、新型光源、专用光源三类。

1. 普通光源

普通光源即常见的有白炽灯和荧光灯。白炽灯依靠高温钨丝发射连续光谱，其辐射光谱大部分是红外线，红外辐射的能量占到总能量的 80%～90%，可转化为热能，使温室内的温度和植物的体温升高。但几乎不含紫外线。

白炽灯的生理辐射量很少，能被植物吸收进行光合作用的光能很少，仅占全部辐射光能的 10%左右。荧光灯的灯管内壁覆盖了一层荧光物质，由紫外线激发荧光物质而发光。因荧光物质的不同而有蓝光荧光灯、绿光荧光灯等不同种类的荧光灯。可根据栽培植物所需的光质选择相应的荧光灯。

2. 新型光源

目前，用于人工补光的新型光源有钠灯、氖灯和氦灯等。高压钠灯是发光效率和有效光合成效率较高的光源，其光谱能量分布红、橙光占 39%～40%，绿、黄光占 51%～52%，蓝、紫光占 9%。因含有较多的红、橙光，故补光效率较高，适用于温室叶菜类作物的补光。

氖灯和氦灯这两种灯均属于气体放电灯。氖灯的辐射主要是红、橙光，其光谱能量分布主要集中在 600～700 nm 的波长范围内，该波段最具有光生物学的光谱活性。氦灯主要辐射红、橙、紫光，叶片内色素可吸收的辐射能占总辐射能的 90%，其中，80%为叶绿素所吸收，对植物生理过程的正常进行极为有利。

3. 专用光源

这类光源是专为植物光照而设计开发的。一般是通过合理分布和配比光源的辐射能来满足作物的生长需要，能够显著加速植物发育，使植物较早开花、结实。如，依据对植物光合作用有效的红、橙光谱设计而成的植物生长灯；华东电子股份公司生产的植物生长灯；河北大学联合研制的专用于温室大棚作物的“阳光灯”等。

（六）温室臭氧灭害技术

一般来说，温室不能长时间通风，农作物在生长期内长期处于低温、潮湿状态，常发生灰霉、菌核、炭疽、霜霉等病害和白粉虱、浅叶蝇、蚜虫等虫害，对农业生产造成严重损失，因此大量的农药投入成为治理温室病虫害的主要手段。然而，由此引起的农作物药物残留问题也成为温室作物质量下降的主要原因，严重影响人体健康。

温室臭氧灭害技术利用臭氧的强氧化作用来防治温室病虫害的发生。该技术具有无污染、无残留的特点，对常见的灰霉、霜霉等气传病害，疫病、蔓枯病等土传病害效果显著。可节省农药60%～90%。

温室臭氧灭害机将温室空气吸进设备中，通过放电的方式来激活空气中氧气，从而获得臭氧，并通过管道均匀散布在温室各处。在此过程中，臭氧分解出单原子氧，这些单原子氧与空气中、温室表面、室内建筑结构表面的细菌、真菌及病毒接触后，就将这些微生物的组织蛋白、氨基酸、硫醇类等物质氧化，致使这些微生物死亡。

（七）空间电场防病促生技术

空间电场防病促生技术在空间电场力的作用下产生大量的阴阳带电离子，温室内的雾汽、粉尘等悬浮物被带电离子立刻荷电而做定向脱除运动，并迅速吸附于地面、墙壁、作物表面等处，同时，附着在雾汽、粉尘上的大部分病原微生物也会在高能带电粒子、臭氧的双重作用下被杀死灭活。

该技术可以抑制雾汽的升腾和粉尘的飞扬，隔绝了气传病害的气流传播渠道，使农业生产环境持续保持少菌少毒状态。

空间电场防病促生设备主要应用于温室作物、畜禽养殖和食用菌生产中。

1. 温室电除雾防病促生设备

该设备产生的电场力可有效增强植物光合作用以及钙离子的吸收，促进植物生长；同时，可以降低植物的光补偿点，即在弱光环境中仍有较强的光合强度。该设备常和二氧化碳气肥增施机一同使用（图 2-5）。

图 2-5　温室电除雾防病促生系统

2. 畜禽舍空间电场防病促生设备

该设备主要包括 3DDF 系列畜禽舍空气电净化自动防疫系统和畜禽舍进排气电净化灭菌消毒系统。空气电净化自动防疫理论和实践证实，在畜禽舍内建立的空间电场具有极其有效的净化空气、杀灭空气微生物（并使其疫苗化）和除臭三大功能。

该系统对猪的气喘病、胸膜肺炎以及鸡传支、传喉等 40 多种空气传播疫病有显著的预防作用。能使保育猪淘汰率下降，节省猪呼吸道疾病药费 20%～50%。

3. 食用菌空间电场防病促蕾设备

该设备包括空间电场促蕾防病系统和接种房电净化洁净系统，可以预防和控制接种室、发菌室、出菇房空气杂菌对食用菌的落菌性污染。

该设备通过对空气放电而促成空气的氮肥化、臭氧化和负离子化，为食用菌的安全快速生长提供良好环境。

（八）水处理技术

1. 功能水技术

功能水，又称电解水或农用杀菌水，它是将食盐等电解质稀溶液在电极作用下进行电解，经过了一系列电极反应形成的具有不同酸碱特性的水。功能水发生器如图 2-6 所示。

图 2-6　功能水发生器

酸性功能水具有高氧化电位，能够改变细胞膜的正常电位与渗透性，破坏脂膜氧化渗透性，导致细胞因内容物外泄而死，对种类繁多的细菌、真菌、病毒等均有高效瞬时杀灭功效。

碱性功能水可作为根外追肥或者用于调节土壤酸度，同时它的还原电位还可发挥出强大的促进种子或芽萌发的功效，具有打破休眠、促进发育和提高果实糖度的作用。

功能水的杀菌适用范围广，与化学药剂相比，功能水没有任何残留性。随着与光和空气以及有机物等接触，溶于其中的有效成分会分解，其氧化还原电位会逐步下降，最终还原为普通的水，对环境无污染。而且无蓄积毒性，安全可靠，对人体无毒副作用。同时，其制备成本低廉，便于大面积推广应用。

功能水在日本等发达国家已经得到普遍应用，而我国起步较晚。目前，浙江丽江水市农科所、中国农业大学研制了电功能水发生装置和智能化电场发生系统。

中国农业大学李里特教授主持的“电生功能水的制备及在食品和农业上的应用研究”，发现了电生功能水在农业、食品加工业等领域的广泛应用前景。2009 年 11 月 26 日，教育部组织以方智远院士为首的专家委员会对此进行了成果鉴定。专家一致认为，该成果总体达到国际先进水平，建议加快成果产业化，加快推广应用。

日本曾发现功能水的杀菌功效并将它用于医学领域。就是将普通水置于一种特殊装置中，经电场处理产生酸性电解水和碱性电解水。实验证明，电生酸性水具有非常强的杀菌作用，其杀菌高效、瞬时，对一般病毒杀灭仅需 5 s，对芽孢杀灭时间也仅为 3～5 min；它具有与次氯酸钠同等甚至更好的杀菌效果，高效、广谱、无残留，应用范围广泛，可在 5 s 内杀灭金黄色葡萄球菌、绿脓杆菌、大肠杆菌、沙门氏菌、肠道病毒、流感病毒等，杀灭抗酸菌、真菌、芽孢杆菌也仅需要数分钟。

2. 磁化水技术

磁化水技术是在电磁场的作用下，瞬间断开水分子团的氢键，使水分子团成为单个水分子，从而使流经管道的普通水变成磁化水。同时，功率很强的电磁场可以有效杀灭水中的细菌和病毒，改善水质，促进植物生长。

试验表明，磁化水浸种和磁化水育苗处理可以有效提高种子的发芽率，作物增产8%～25%；经磁化水灌溉的棉花、水稻、小麦、玉米、蔬菜、花卉等作物，平均增产5%～30%。应用磁化水饲养的家禽、家畜和水产等可以有效减少疾病，提高肉食品质和产量。奶牛饮用磁化水后，产奶量提高约10%；使用磁化水养殖的猪，其日增重在 8%左右，而且肉质好；应用磁化水养鱼，产量增加14%左右。

（九）其他技术

除了上述技术以外，国内外科技工作者还在进行其他一些方面的物理技术用于农业的研究。例如，声检测技术、核技术、导航定位技术、超声波驱虫技术、激光技术等等。

1. 声检测技术

传统的贮粮害虫检测采取人工抽样的方法，样本过筛后从杂质中分析害虫。既费时又存在一定误差，无法获得大量样本，从而无法对害虫发生的趋势进行及时准确的分析预测。声检测技术的出现使得仓储害虫的检测有了突飞猛进的发展。检测玉米、大米、小麦三种样品中害虫的吃食声参数直接与谷物中害虫数量有关，反映了谷物受损的程度。研制仓储害虫连续自动监视系统可实现对害虫声音进行24小时全自动分析。通过对不同类型或成长期的害虫进行声频分析，对仓储害虫的常规类型进行了分析，这对粮食的仓储意义重大。

2. 核技术

核技术以特殊的选择性、高度的分析灵敏性和准确性以及适用的广泛性 ,而被越来越多地应用在农业科研和生产中 ,成为推动农业现代化的一个有力手段 ,发挥着其他方法难于或不能代替的作用。它是利用原子核反应衰变原理及伴随衰变产生的射线特性而发展起来的各种测试、分析显示和应用方法的总称，包括同位素示踪、活化分析和核仪器应用等技术。同位素示踪技术在农业上主要用于研究肥料在土壤中的转化、固定和损失状况。中子活化分析技术可分析土壤、肥料和饲料中元素含量，随时监测和评价其质量；可准确测定食品中多种有害元素的含量，并对其中的蛋白质和多种微量元素进行位置分析、微区分析、深度分析和结构分析，还能较准确地研究它们在作物体内的生理过程。

3. 导航定位技术

导航定位技术能为拖拉机等农机具导航，根据土壤肥力高低精确地播种，并有针对性地施肥，同时还可将除草剂或农药有针对性地喷洒在有杂草或害虫的地方。全球定位系统（GPS）在定位施肥、喷药、灌溉、播种、耕作等方面的运用，保护了自然资源，维持了生态平衡，真正实现了农业现代化。

4. 遥感技术

遥感技术可在农业资源的调查、评价、规划和管理上有较好的前景，遥感资料与辅助资料以及物理或统计模式结合，可求算叶面积指数、物候期等，并具有估算土壤湿度和植物水分状况的特别潜力。微波遥感弥补了可见光遥感只能在晴天条件下工作的局限性，能更好地发挥遥感技术在农业上应用的潜力。

5. 超声波驱虫技术

敏感害虫遇到谐振波，会难以生存、不能繁育或者主动离开，超声波驱虫技术即由此达到驱逐敏感害虫的目的。利用超声波对一些害虫的驱赶作用，在粮库等地方驱除害虫，可以避免使用化学药剂造成对粮食的污染。

6. 激光技术

低剂量激光对农作物种子进行播种前照射可打破种子休眠期，提高种子的新陈代谢能力，提高种子出芽率和出苗率，增强作物抗病能力，从而达到增产增质的效果。激光照射可引起生物DNA 畸变，从而培育出新品种。

此外，物理技术还被应用于植物霜冻防治、农产品质量检测等领域，并取得一些应用成果。

四、现代物理农业工程技术发展存在的问题

目前，我国现代物理农业工程各项技术在应用上存在不平衡性。根据这些技术的成熟度及其在生产实践中的具体情况和对技术应用不同阶段进行的分类评价，可以将现代物理农业工程技术的发展和应用分为三个阶段，即试验阶段、示范阶段和推广阶段。

进入推广阶段的技术有电子杀虫技术、补光技术等。这些技术已经在生产实践中被广泛应用。

进入示范阶段的技术有声波助长技术、空间电场技术、种子处理技术等。这些技术已经在一定区域应用，取得较好效果，有待进行推广。

尚处在试验阶段的技术有土壤连作障碍处理技术、功能水技术等。这些技术在稳定性、显效性等方面还有待进一步的研究与实践验证，其应用的工艺路线还有待定型。

目前，应用还是以单一技术应用为主，对多项技术综合应用，即多技术集成的现代物理农业生产模式的研究与实践还刚刚起步，处于初级阶段。

总体而言，我国现代物理农业发展尚处于起步阶段，相关技术研究分散，总体科技水平低，低水平重复研究现象严重。具体来说，我国现代物理农业工程技术体系还存在以下主要问题。

（一）在技术研究上，基础研究薄弱

总体而言，现代物理农业工程技术的理论研究薄弱。比如，植物声波助长技术还没有从理论上得到严格的论证，有待科学技术研究的进一步突破，而且现有的技术研究缺乏针对性，体系化程度低。

目前，越来越多的物理技术应用于农业生产，但往往是就技术而技术，没有站在农业生产需求的角度去对农业生产环节中急需解决的重点、难点问题进行技术攻关，常出现多种技术解决同一个农业生产问题，而某些亟待解决的农业生产问题却没有得到相应研究。例如，现在大多数现代物理农业工程技术应用于种植业，而用于畜牧、水产等领域的技术很少，许多技术空白点亟待研究。

此外，对现代物理农业工程技术影响度及副作用研究还处于空白状态，比如，对操作不当对人体或环境造成的危害缺乏研究。

有关研究表明，高剂量的电磁辐射会影响人体原有的生物电流和生物磁场，使人体原有的电磁场发生异常；长期的高电磁辐射会造成视力下降，从而引起白内障；电磁辐射会使血液、淋巴液和细胞原生质发生改变，诱发癌症并加速人体癌细胞增殖。

大量文献表明，电磁场可以影响人的植物神经功能，影响睡眠质量。50 Hz 低频电磁场可明显影响人的植物神经功能，使之

发生紊乱，人表现出疲劳、神经衰弱、性欲减低、忧郁、郁闷倾向、易激怒等症状。

（二）在装备研发上，农业装备生产企业实力弱

在装备研发上，现在大部分现代物理农业装备生产企业规模小、科研能力弱、产品质量不够稳定、生产工艺和工业装备落后，这些问题制约了我国现代物理农业的整体发展。

（三）各项技术的应用不平衡

在技术推广应用上，各项现代物理农业工程技术的应用还不平衡。例如，电子杀虫、种子磁化等技术已经在全国得到较大规模的推广应用，而土壤连作障碍处理等技术还处于试验示范阶段，这不利于现代物理农业工程技术的综合应用。

另外，地区之间技术推广应用发展也不平衡。总体而言，现代物理农业工程技术目前只在全国部分省市推广应用，天津、大连等地的整体推广应用情况较好，其他地方则发展较慢，或者只是单一技术的应用。

（四）有关方面对现代物理农业工程技术的认识程度不高

现代物理农业在我国发展时间不长，农业主管部门、科技人员和农民对其应用效果的认识程度有待提高。现代物理农业工程技术多是以“看不到，摸不着”的方式作用于对象，这一点不同于化肥、农药等投入品会直接作用于对象本身，也不像旋耕机等农业机械能产生“立竿见影”的作业效果，这就阻碍了现代物理农业工程技术的推广应用。

（五）没有相应的技术应用评价研究

目前，对现代物理农业工程技术的应用效果的研究还不全面，而且，由于统计数据缺乏，因此人们对其应用效果的认识还处于感性认识阶段，没有一个科学的评价。

第三章　现代物理农业工程技术

一、现代物理农业工程技术体系

目前，现代物理农业工程技术的应用范围越来越广，由种植业向畜禽养殖、水产养殖等领域逐步扩展，受到越来越多农民的认可，因此，各级农业推广部门也开始关注和重视现代物理农业工程技术的推广应用。

现代物理农业工程技术体系逐步发展起来，该体系包括现代物理农业中的相关技术的开发研究、装备的推广应用和技术应用评价三方面内容（图 3-1）。其中，技术研发是现代物理农业工程技术体系发展的核心，没有技术就没有整个体系的建立；而装备的应用是基础，只有装备得到应用，并在农业生产中发挥实效，才能体现出整个体系的功能价值；技术应用评价是体系发展的保障，通过评价来衡量技术应用效果，也可为技术开发和装备应用提供发展方向。

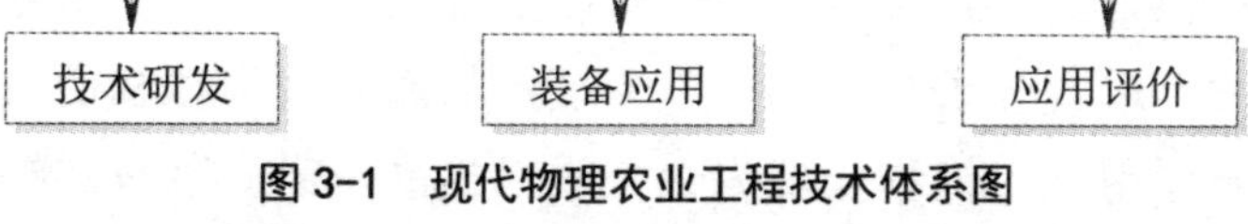

图 3-1　现代物理农业工程技术体系图

二、现代物理农业工程技术原理与装备

长期以来，农业领域的现代物理技术应用一直是人们关注的问题，从“物理技术在农业中应用”到“农业物理”，再到“物理农业”，人们的认识是逐步升级的。在实践中，人们已经认识到声、光、电、磁等技术对生物生长具有一定的影响，并不断地研究如何用它们来促进生物的生长、改善生物的生长环境，从而造福人类。

（一）与生物有关的物理效应

人们研究发现，与生物有关的物理效应主要有磁效应和电场效应两方面。

1. 生物的磁效应

地球是个强大的电磁场，地球上的生物都是在磁场的环境下生长，同时，生物体内又都存在磁性物质，即各种金属矿物质，这就是说生物进化史就是生物在磁环境下的演化发展史。不管是动物还是植物，其体内都存在磁性物质，所以，当外施磁场时，这些磁性物质就会发生磁化，从而产生磁化势能以及磁化后的极性变化。这些变化都会间接或直接地影响生物，从而导致磁生物效应。

近年研究表明，磁场对生物的作用是多方面的。它不仅影响植物的酶系统，影响植物的矿质代谢，促进植物产生更多的 ATP 能量，而且使土壤中的矿质离子有效化，使缔合水分子氢键断裂，成为分子量较小的单分子，从而有利于植物的吸收。在磁场作用下，植物表现为光合效率提高，矿质吸收加快，水

分代谢加剧，叶绿素含量提高，综合生物效率大幅度提高，产量及质最得到改善。

因为地球就是一个大磁场，所以，地球上所有生物无不受其影响。很多鸟类、海豚、鱼及一些细菌就是依靠地球磁场来定向的。生物的许多功能和活动都是电荷的运动再通过神经系统的活动来传导的，所以，伴随着生物电现象必然有生物磁现象的产生。研究表明，磁场对生物机体的活动及生理、生化过程都有一定影响。这表现在若干方面，例如，磁场对生物体的作用与磁场强度、磁场类型有关，还与磁场方向有关；另外，磁场的生物效应还与磁场的作用时间有关。

2. 生物的电场效应

地球除了磁场外，还存在一个电场。在地球与天空云层间存在电势差，因这个电势差而形成的电场叫地球的空间电场，它是一个因天气变化而不稳定的电场。但这个电场对生长于地球的植物会产生较大的影响。

植物在空间电场环境下进化，发生了形态上的适应性变化。不管是生理还是形态，都会或多或少的受到空间电场的影响。植物也正是由于外电场和内电场的存在而表现出各种物质的生理活性与代谢的旺盛进行。有人做过试验，用电场屏蔽技术把植物屏蔽起来就会大大影响植物的光合速率。

在自然界，处于雷区的植物生长好。这其实是电场在起作用。最早发现电场效应的是英国一个园艺学家，他从常遭雷电电击的地区的植物长势好的现象受到启发的，开始了对电场的研究，提出了电气栽培的新概念。

随着电场研究的深入，电场的各种生物效应被人们发现。例如，电场的能量效应可以提高细胞膜内外的电位差。细胞膜内外电位差的改变，会影响细胞的物质交换速度和膜系统上的各种酶的活性，特别是多种酶蛋白的活性。在这些酶蛋白的结构中存在一些金属离子，这些金属离子在电场作用下发生偏转，从而使蛋白构象发生变化，影响各种酶之活性。

电场可以使钙素激活，使气孔开度提高，有利于植物叶片吸收更多二氧化碳，对碳同化具有很大的促进作用。在光合作用过程中，二氧化碳吸收速率的提高对光合效率提高起到很好的促进作用。

另外，即使在弱光下，电场也可促进光的电子传递及水的电解过程，从而大大加快光合作用过程。

电场的杀菌效应也是农业生产上得以利用的重要方面。在电场作用下，细菌的胞膜电位发生瞬间变化，使膜的渗透性遭到破坏，细菌因此而死。这种机理现已应用于农业生产过程中各种病害的防治。空间电场下的土壤长期处于微电流状态，这对细菌也有抑制作用，对矿质元素的活化效果明显。

电场还可影响植物体内一些矿质元素及激素的运输极性。植物体存在的极性运输是因各部位电位差的存在而产生的，而电场可直接或间接地影响电位差，从而影响极性运输。

（二）技术与装备

20 世纪 90 年代以后，物理学范畴内的多项技术被开发和试验，例如利用声波的声波技术、利用电的电场技术和杀虫技术、利用磁的磁场技术等。这些技术被应用到农业生产中，丰富了现代物理农业工程技术体系，为我国的现代物理农业工程技术进步与应用奠定了基础。

1. 声波助长技术

关于生物波，我国科学家在很多方面进行了研究，其中，在人与动物体的研究中率先提出了生物波理论。生物波同调共振特性表明，生物波是一种自生物信息场产生，并由生物体自行放射的波谱。

动物和人体内都存在着一种律动，这种律动左右着生物体的健康。并且，这种律动会随着内外环境的改变而出现异常。生物波的反应灵敏性，会随着生物体内外环境的变化而波动，随着温度、湿度、氧气含量、酶和蛋白质水平的变化而变化。此外，生物波还会随地域变化而变化。在有些地方，生物波表现异常活跃，出现有节奏、有规律的律动；而在有些地方，生物波就反应迟钝。弄清生物波随环境变化而波动的规律，就可以让生物体与内外环境有一个良性、和谐的应答。生物体自身应对环境变化存在耦合振荡规律，这一规律从植物、动物到人体都是普遍存在的。

研究表明，生物体内成千上万的细胞在自组织地运动，从开始的无序运动逐步过渡到有序运动。当有序运动出现时，生物波就产生了。目前，这一理论研究的成果已经开始运用到疾病防治等方面。

根据科学鉴定，自人体放射的生物波波段为 3～45 μm，而生物波功能材料所反射之波段集中在 4～20 μm，与人体自行放射之生物波（3～45 μm）重叠。由于人体较容易吸收与其频率波长相同的辐射能量，且生物波功能材料对人体能量的屏蔽特性（能量反射效应），导致了近似生物波段的叠加共振效应，进而将生物能量反射回人体，起到振奋、激励、促进细胞运动的作用，进而平衡生物体能量，促进机体活力。

植物作为一种生物体，它也存在一定的生物节律，这已在古今中外许多研究者的观察和研究中得到证实。因此，如何利用植物的生物节律来促进植物的生长，也成为现代物理农业工程的一个重要课题。

（1）声音与植物的关系

植物作为生态系统中氧气和能量的主要生产者，它的生存状况对于维持整个生态系统的平衡和稳定具有举足轻重的作用。同其他生物体一样，植物在生长过程中也会遇到各种有利或不利的生存环境，如何能够及时准确地了解植物所处的生理状态及植物对环境条件的需求，对我们了解植物的生活习性，并按照人们的要求调节植物的生长过程，具有极其重要的意义。

以往对植物生长状态的研究，主要使用对外界环境因素进行测量和观察植物形态变化等间接手段。例如，为了研究植物是否缺水，传统的方法是测量该植物生长的土壤的含墒量，以及观察植物叶片等部位是否出现缺水造成的某些特征（如变色）等。根据我们的研究结果，植物处于不同的生理状态下，还有另外一些可供测量的方面，即植物受激和自发振动的振动特征参数的变化。

对声频与植物的关系，古人早就有所发现。一千年前的中国宋代，沈括和王灼分别在他们的著作《梦溪笔谈》和《碧鸡漫志》里记载了草木知音的故事。

作曲家桑景舒创作虞美人草枝叶舞动，这是人类历史上有文字记载的最早的植物声学实验。一百多年后，达尔文给含羞草连续吹奏巴松管，希望用音乐引起它的羽状复叶运动。尽管实验未能成功，但它却鼓励着许多后来人坚持不懈地从事植物声生物学方面的探索。

20 世纪中期，国际上逐渐兴起了一门声生物学，它首先应用于畜禽方面。例如，用优美的琴音增加乳牛的产奶量和母鸡的产蛋量。在植物上的应用，有商业价值的最早应是法国人切诺伊用声音处理大麦，这一做法提高了啤酒厂大麦的发芽率。后来，美国的 D. Carlson 公司用高频信号处理作物，日本的先拓公司用雅乐处理温室蔬菜，法国声学研究所和前苏联有人用贝多芬乐曲处理西红柿、甜菜，据报道，均实现了增产。

从整体上看，国外植物声频控制技术的研究和应用尚处于经验探索和资料积累的初级阶段。由于缺少先进理论指导和相应的测试仪器，人们不能精确地测定出植物的自发声频率和接收声频率，因此出现许多矛盾和混乱的现象。

近年来，国际上植物声频控制技术的应用有了新的进展。例如，1999 年底，美国杜克大学使用声波技术处理，极大地缩短了蔬菜冷冻脱水的时间；2000 年初，日本东京大学用不同频率处理微生物，可延长或缩短微生物的繁殖时间。

2008 年，天津农学院研究人员采用频谱仪对植物种子进行处理。实验表明，不同的声频对种子有不同的影响。通过组合筛选的频谱处理对种子生长起到了促进作用。

（2）植物声波助长技术的原理及效果

植物声波助长技术是根据植物的声学特性，利用声波对植物进行特殊处理。植物声波助长技术可促进植物增产、优质、抗病、早熟，是现代高科技在农业生产中应用的成功范例之一。已应用的植物生理谐振波处理技术不污染环境，符合环境保护和发展生态农业的要求，是当前生产有机、绿色、无公害农产品的优选设备，可应用于粮油、蔬菜、果树、花卉、园林苗木等作物。

植物声波助长技术的基本原理是，利用音箱发声对植物施加特定频率的声波，使声波的频率与植物本身固有的生理系统波频相一致，产生共振，从而提高植物活细胞内电子流的运动速度，促进各种营养元素的吸收、传输和转化，增强植物的光合作用和吸收能力，促进植物生长发育，达到增产、增收、优质、抗病的目的。

①增产

植物声波助长技术能在植物生长过程中，增强光合作用，提高植物的呼吸强度，加快茎、叶等营养器官的生化反应过程，促进它们的生长，提高营养物质制造量，加快果实或营养体的形成过程，从而提高产量。

②提高品质

植物声波助长技术在增强植物光合作用的同时，也增加了酶的合成，从而促进了蛋白质、糖等有机物质的合成，达到了提高植物产品品质的效果。

③早熟

植物声频助长技术促进植物呼吸作用，加快能量转变，促进物质吸收和运转，使植物旺盛地生长并早熟。一般可早熟 7～10 d。

④抗病

植物声频助长设备对植物发出的谐振波能促进植物在生长进入旺盛期时提高呼吸能力，从而保持植物细胞内较高的氧化水平。细胞内较高的氧化水平对病菌分泌的毒素有破坏作用。较强的呼吸还能提供较多的能量和中间产物，这有利于植物形成隔离区（如木栓隔离层），阻止病斑扩大。

⑤驱逐敏感害虫

敏感害虫一旦遇到植物声频助长设备产生的谐振波，就会产生厌恶感或恐惧感，就不能正常进食，难以生存，不能繁育，并主动离开。

（3）声波助长技术应用实例

①天津市北辰区应用实例

2009 年，天津市北辰区大张庄镇张五庄村菜农吴克同种植芹菜，在同等生产条件下，应用该技术的菜棚，其产量比对照田增加 450 kg，产量增幅达 19.1%；宜兴埠镇宜兴埠村宋会利种植油麦菜，使用声波助长仪近 1 个月，每畦产量比对照田增加 15 kg，产量增幅达 30%；青光镇韩家墅村田种强种植黄瓜，使用声波助长仪的菜棚，比对照棚增产 800 kg，产量增幅达 20%；双口镇岔房子村王德田种植葡萄，同等生产条件下，试验棚比对照棚增产 175 kg，产量增幅达 40%。

②天津市宁河县板桥镇赵学村应用实例

2008 年，天津市宁河县板桥镇赵学村示范点王兆江西红柿棚使用了声波助长技术。定植后 1 月 7 日使用至 5 月 25 日采摘结束，每天从早 8 点至 10 点使用 2 h，共使用 139 d。

经声波技术处理后的西红柿，株高增加 10%，茎粗增加 6%，经蔬果每株坐果率小于 25%的情况下，每个果增重 16%，应用棚产量 7 000 kg/亩，对照棚产量 6 200 kg/亩，增产率 12.9%。由于应用棚西红柿上市早，价格高出平均价 0.5 元/kg，增收 2 520 元/亩，增收率达 21.4%。

③大连市关家屯应用实例

2009 年，大连市关家屯吴成智从 7 月上旬开始在自家 400 m^2 的菇棚内对香菇做声波处理，每天下午 5—7 时，开机 2 h。结果显示，经过声波处理的香菇菌块比对照多出两潮菇，每潮延长出菇时间 1～2 d，产量和质量皆明显提高。平均比对照增产 25%以上；大菇率占 80%左右，比对照提高了一倍。而且菇柄短、菇肉厚、商品性好，卖价大大提高。

④大连市瓦房店市永宁镇孔家村应用实例

2009 年，大连瓦房店市永宁镇孔家村在 40 亩露地甜瓜上应用了声波助长技术。对新技术充满期待的 4 户居民十分重视这项新技术的应用，每天早上 8 点都要打开声波助长仪，让他们的甜瓜在动听的“音乐”声中茁壮成长。经过一个多月的使用，与未使用声波助长仪的甜瓜相比较，听“音乐”的甜瓜植株生长健壮，平均每株多长 2 片叶片，坐果率明显提高，结出的瓜个头大，外表光滑，而且每株结瓜个数要多 2 个左右，产量提高 30%左右。

⑤大连市旅顺口区北海街道沙包村应用实例

2009 年 1 月份，大连市旅顺口区北海街道沙包村蔬菜保护地示范园区 6 号棚的主人刘国民，在自家 660 m^2 的温室里，摆放了 26 000 棒“平菇 650”蘑菇菌。3 月份在区农机总站人员的指导下使用了声波助长仪。仅 4 个月的时间里，他发现四个明显特点：

第一，出菇集中，转茬快。以往是间隔 20 天到 1 个月采摘一次，现在半个月就可采摘一次。

第二，产量提高。使用后比以往提高产量 15%～20%。

第三，蘑菇的品质提高。蘑菇个头大，形状舒展。

第四，后续生产能力强，出菇期延长。以往一茬蘑菇生产 7 个月，使用声波助长仪后，到近 8 个月时仍然连续不断地出菇。

⑥大连市庄河市光明山镇佟岭村应用实例

2009 年，大连市庄河市光明山镇佟岭村宋明君在草莓温室使用声波助长仪，草莓开花提前 10 d，坐果率明显提高，草莓提前 15 d 上市，且没出现任何病虫害，没使用农药。草莓不仅产量大幅度增加，而且品质也有较大的提高。果实个大，口感好，甜度明显提高，色泽鲜艳，耐贮藏运输。草莓总产量为 2 160 kg，增产 580 kg，增产幅度 37.7%，当年增加收入 3 200 多元。

⑦大连市甘井子区前革高科技都市园应用实例

2009 年，大连甘井子区前革高科技都市园使用声波助长仪，线豆长度增加了 4～5 cm，产量提高了 40%，喷洒农药次数减少了 50%；黏玉米对照组平均株高 1.35 m，每株结穗 1～2 个，试验组平均株高 2 m，每株结穗 2～4 个，早熟 10 d 左右；对照组的西红柿根茎细，单果重 0.2～0.4 kg，试验组根茎粗，坐果率高，早熟 3～5 d，单果重 0.4～0.6 kg，增产 60%；黄瓜对照组单果重 0.3～0.5 kg，试验组单果重 0.5～0.8 kg，抗病能力强；五彩椒对照温室平均株高 1.3 m，茎粗 1.3 cm，单果重 0.1～0.3 kg，试验温室平均株高超过 2 m，茎粗 2.5 cm，单果重 0.2～0.5 kg，叶片大，坐果率高，提高产量近 30%，提前 5 d 上市，抗病能力强，减少农药使用量 40%。

⑧大连市金州区向应农业园区应用实例

2009 年，大连市金州区向应农业园区通过实验对比证明，声波助长技术对蝴蝶兰的生长发育具有明显的促进作用，并具有提高蝴蝶兰品质、增强抗病能力、防治敏感害虫、延长花期等多种功效。没有使用声波助长技术之前，蝴蝶兰从瓶苗到换盆，4 个月叶片可长到 6 cm。同样规格的苗，使用之后，同期叶片可长到 10 cm。实验证明，使用声波助长技术的比没有使用的根系旺、发达，且没有病虫的侵害。

⑨密云县河南寨镇台上村应用实例

2010年，北京市密云县河南寨镇台上村的设施生产基地进行的植物声频增产试验示范。他们引进两种植物声频发生器各6套，在京郊三个区县开展了试验示范。试验结果：从长势来看，使用声波助长设备的架豆长势旺盛（图3-2）；使用声波助长设备的油麦菜叶片较厚，直立，未使用的叶片薄、松散（图3-3）；应用声波助长设备的棚室的西葫芦白粉病较轻（图3-4）。据产量测定，油麦菜平均增产 65%，西葫芦平均增产 13.3%，架豆平均增产26.8%，圆白菜和西红柿产量没有变化，以上试验的 5 种作物平均增产21%。

试验棚

对照棚

图 3-2　声波助长设备用于架豆的试验

试验棚

对照棚

图 3-3　声波助长设备用于油麦菜的试验

试验棚　　　　　　对照棚

图 3-4　声波助长设备用于西葫芦的试验

2. 空间电场防病促生长技术

大气电场、空间电场作为一种能够调控植物生长发育以及病害发生与发展的环境新要素正在被深入研究和利用。这一环境新要素，如同氮肥、激素、温度调控技术、补光技术、基因转换技术一样，向人类提供了植物生长调节、病害预防的新技术原点，根据该理论研发的空间电场调控技术作为设施农畜产品无公害生产保障技术，可广泛用于设施植物产品、设施食用菌产品、设施畜牧产品等三种无公害产品的生产当中。

（1）空间电场防病调控生长与防病理论

晴天大气电场是晴天大气中始终存在的一个基本大气电现象，晴天大气电场的方向始终由天空指向地面。对晴天大气电场以及雷雨天时的大气电场变化的观测结果表明，大气电场是由静电场以及迅变电场组成的。因此，晴天大气电场因时因地而异。

大陆地面上，晴天大气电场随地点变化的变化较为复杂。人口密集的大城市，工业区和高气溶胶自然源附近地区，其地面晴天大气电场往往大于 130 V/m。我国广州的大气电场的平均值为

87 V/m，日较差为 11%；而伊宁则为 56 V/m，日较差为 129%。各地区大气电场的不同将导致植物生长的多样性。

大气电场是地球空间环境中存在的一种电现象，它是由带负电荷的地球和带正电荷的电离层组成的空间电极系统形成的。为了建立大气电场变化同植物生物电流的数学关系，孙景群等人建立了全球大气电过程的物理模型，在此基础上，刘滨疆等人又于 1994 年建立了大气电场的变化在植物体内感应的养料输送电流微分方程，揭示了地球环境中的植物生长受大气电场调控，环境中任一电学参数的变化都会改变植物体内的养料输送电流的大小的事实，指出空间电场同阳光一样是作物生长的必需要素，并提出了空间电场调控植物生长的技术原理。

1988—2000 年间，由国家自然科学基金资助的大气电场、空间电场生物效应的研究发现了正向空间电场显著促进植物的光合作用以及空间电场驱动植物输运钙离子的电动力学规律。此期间也是著名的空间电场/二氧化碳同补产量倍增效应发现及其技术发展的阶段。同时还发现，负向空间电场能够小幅调节植物的呼吸作用，但长期恒定的负向空间电场对植物的生长，特别是根系的生长，有着强烈的抑制作用。

在莴苣温室生产中，常见的心腐病会在空间电场环境中得到 100%的预防和控制，空间电场的钙调机理在这里发挥了作用。

冬季连阴天形成的低温寡照是造成温室植物生理障碍的主要原因，在温室内建立空间电场降低植物的光补偿点，同时能够提高植物根系的吸收能力，并会在大气、植株、土壤之间形成的导电体中产生微弱的热量，进而提高植物抵抗低温寡照的逆境。显著的例子就是，在寿光地区，1999 年 11 月中旬连续近半个月的连阴天对扁豆角秧苗生长的破坏作用，园区几乎所有的常规温室的豆角秧苗全部脱落叶片，只有空间电场作用的扁豆角秧苗保持着带叶状态。这一现象很好地说明了空间电场的生物效应。

2000 年之后，随着温室空间电场调控植物生长系统（静电场驱动离子系统，见图 3-5）的发明，空间电场调控生长技术开始得到了推广应用，广泛的实践又推动了空间电场促生长理论与技术的进步。

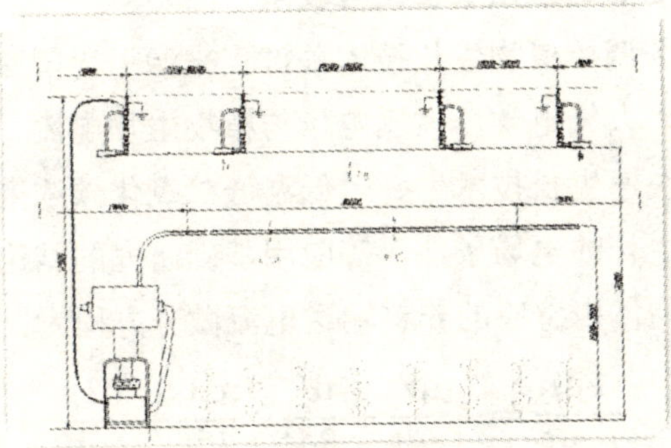

图 3-5　空间电场/二氧化碳伺补系统

在此阶段，研究者也从一直关注空间电场生长调控机制迅速转向关注空间电场防治植物病害以及空气氮肥化的技术和理论，其中，最重要的进展是气传病害的空间电场控制机制以及空气氮肥化发生机制的提出与实践。

此间，采用空间电场控制气传病害的技术方法成功地控制了黄瓜、甜瓜、西瓜、草莓、茄子、莴苣、番茄等蔬菜几乎所有的气传病害，而且有许多多渠道传播的植物病害，包括一些通常被认为只是土传的病害，也得到了有效的控制。空间电场在陕西杨陵地区、内蒙呼和浩特地区的小麦试验成功地控制了小麦的锈病感染。温室油桃的空间电场/二氧化碳同补试验成功地提高了果实含糖量和产量。

2002 年，成都市双流县以葡萄种植区使用空间电场防病促生长系统进行葡萄黑痘病的防治试验，防治效果接近 100%。2005 年，大连地区进行了冷棚巨峰葡萄的促生长防病试验，果实产量提高了 10%，糖度提高了 12%左右，霜霉病、白霉病、黑痘病均未发生。

①空间电场调控生长理论与技术

空间电场调控植物生长技术关键点来源于“国家自然科学基金”资助的“大气电学、大气电场与植物生物电流、空间电场调控水培植物快速生长技术”、“低温低二氧化碳浓度低光强条件下植物快速生长的电场条件”等应用基础研究的结论。大气电场的变化在植物体内感应的养料输送电流微分方程为：

$$\frac{1}{j_1}\frac{\mathrm{d}j_1}{\mathrm{d}t}=-\frac{\mathrm{d}V}{V\mathrm{d}t}+\frac{\mathrm{d}R}{R\mathrm{d}t}+\frac{\mathrm{d}\lambda}{\lambda\mathrm{d}t}+\frac{\mathrm{d}\lambda_1}{\lambda_1\mathrm{d}t}$$

式中，λ：局地晴天大气总电导率；R：整层晴天气柱电阻；V：整层晴天电位差；λ_1：根系—薄层土壤植株顶端的生活体系总电导率。植株体内响应大气电场的变化所产生的养料输送电流既同整层晴天大气电位差 V、整层气柱电阻 R 及局地晴天大气总电导率 λ 的相对变化有关，又和植株本身及根系与土壤的接触面的电学特点有关。也就是说，植物生长环境中任意一电学参数的变化都可导致植物体与大气、土壤之间流动的离子养料输送电流的变化。南半球的一次闪电就可影响到北半球植物的生长。地区性的丰产、减产都和全球和局地的大气电学参数的变化机制有关。

同样，通过模拟大气电场变化的空间电场也能够调控植物的光合作用、呼吸作用、钙离子的输送。在植株顶端大气—植株—根系周围土壤系统总电导率不变的情况下，感应的养料输送电流的变化仅取决于大气电场的变化，因而，实现定极性多量输送离子肥料的物理控制模型：

$$j = -\frac{\rho}{t_2 - t_1}\int_{t_1}^{t_2} E'(t)\mathrm{d}t$$

式中，“－”同大气电场的变化率符号有关，即当大气电场场强变化率 $E'(t)>0$ 时，植株形态学上部的阳离子将下移，形态学下部及土壤中的阴离子则上移，于是，形成了向下的养料输送电流，j 为负。而当 $E'(t)<0$ 时，植株形态学上部的阴离子将下移，形态学下部即土壤中的阳离子将上移，形成向上的养料输送电流，j 为正。

上式表明，电场变化率是决定植株吸收离子肥料数量的关键参数。电场变化率的正负则又决定了植株从土壤中吸收离子的极性。正或负的电场升降变化导致植株吸收离子的极性的变化规律参见图 3-6。

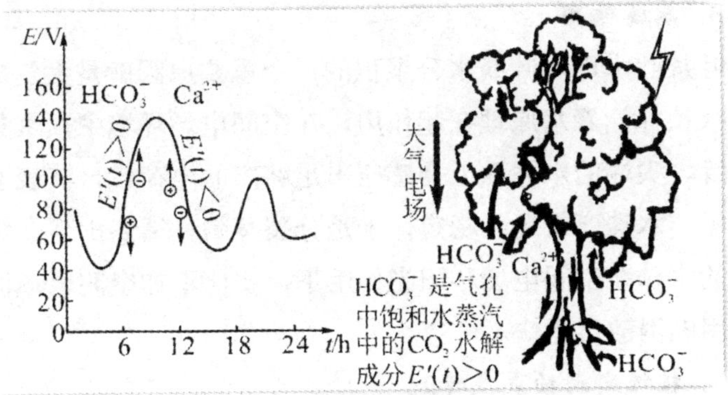

图 3-6　大陆复杂型空间电场驱动植物吸收图

空间电场能够对植物吸收二氧化碳、蒸腾作用、植株尖端的氧气释放、根际氧气含量、根际土壤水分含量、植株生活体系的钙离子输运以及空气氮肥化进行有效调控。

A. 二氧化碳的调节

植物的叶片是吸收 CO_2 并进行同化作用的主要器官，CO_2 在通过扩散和质流进入叶片气孔后受到孔中的饱和水蒸汽的作用而水解为 HCO^{3-} 阴离子，其水解方程为：

$$CO_2+H_2O \rightleftharpoons HCO^{3-}+H^+$$

水解为 HCO^{3-} 的阴离子则很易受到空间电场的驱动。当 $E'(t)>0$ 时，HCO^{3-} 由叶背面被驱动进入叶的上表层；而当 $E'(t)<0$ 时，HCO^{3-} 则由叶的上表层被驱动进入叶的背面。由阳光的直射性能可知，为了能充分同化 HCO^{3-}，光合作用应在叶的上表面进行，为此，叶片需大量的 HCO^{3-} 阴离子保留在叶的背面，故可推知，叶两面气孔面积之和的最大值应在叶的背面出现。而又根据叶片尖端易放电的原理可推知，叶背面的气孔多集中在叶缘和叶面等叶片的突出部位。

B. 蒸腾作用

叶片吐水以及叶缘水分聚积的一个重要原因就是大气电场的阴极（植株）聚水原理在起作用。在空间电场环境中，聚集于叶片棱缘、尖端的水微珠上会感应出足够高的电荷量，其表面张力减至零，水珠变得更不稳定，于是分裂蒸腾。清晨出现在大麦苗叶尖的水珠在空间电场和阳光作用下，要比不加空间电场而有阳光作用的消散得更快。

C. 植株尖端的氧气释放

水为弱电解质，其电离方程式为：

$$H_2O = H^+ + OH^-$$

在大气电场 $E'(t)>0$ 的作用下，大气中的阳离子向植株叶面棱缘处积聚。于是，积累于叶面棱缘处的 OH^- 阴离子便同这些阳离子构成强的空间电场。同时，OH^- 阴离子外层的电子在阳光高频电磁场激发下很容易对阳离子放电给出电子，从而产生还原反应：

$$4OH^- - 4e = O_2\uparrow + 2H_2O$$

这是植物释放氧气的一部分，它同光合放氧机制不同，它是一种无论昼夜都在进行的一种电化学反应。这一放氧反应对植物的生长是有益的。

D. 根际氧气含量

在大气电场、空间电场的作用下，空气中的微弱泄漏电流会通过植株根系流入土壤。根系相对土壤来讲为正极，而土壤则为负极。土壤中的水分会在根系与土壤形成的界面中产生电解反应，根系的生长呼吸便会得到充足的氧气供应。这也是正向空间电场环境中植物根系亮白且活力较高的根本原因。

E. 根际土壤水分含量

从地球环境来看，地球表面为负极，从空间电场的建立来看，植物与土壤也为负极。因此，以空气气溶胶的净化原理和土壤电渗原理来分析，均会得到空气中的水分和土壤深处的水分、植株周边的土壤水分将向根系聚集的结论。这是空间电场节水的关键机制，也是空间电场环境中植物水分利用效率增高效应的根本原因。阴极聚水原理见图 3-7。

F. 钙离子输运

在植物需要的 17 种必需元素中，只有钙元素受控于空间电场的变化。钙离子在植株—土壤体系里的输送方向、数量受空间电场强度增减以及瞬间增减量的控制。空间电场变化引起的植物体细胞内外钙离子浓度的变化将引起许多新的生理反应，进而实现空间电场的生长调节作用。

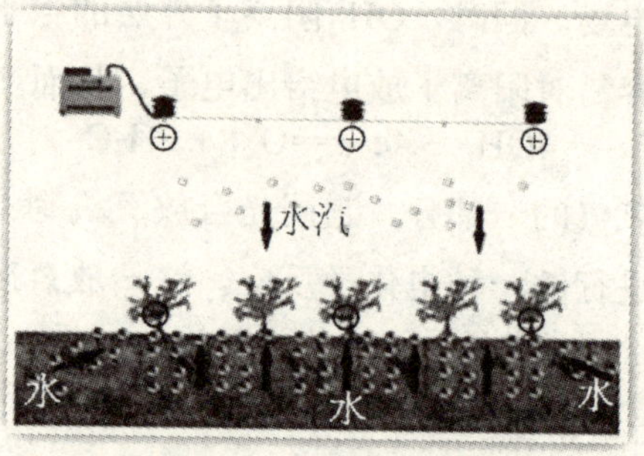

图 3-7 阴极聚水原理

G. 空气氮肥化

在植物上方吊挂的电极线与地面、植物之间形成的空间电场电极系统会在高电压的作用下电离空气，将空气中的氮气转化为能够溶解到水分中的氮氧化物，转化成的氮氧化物中，最多的是二氧化氮（NO_2）和一氧化氮（NO），这些氮氧化物与水汽等气溶胶相结合转化为植物能够快速吸收的氮肥。这是植物在空间电场中快速生长的根本原因之一。空气氮肥化机制如图 3-8 所示。

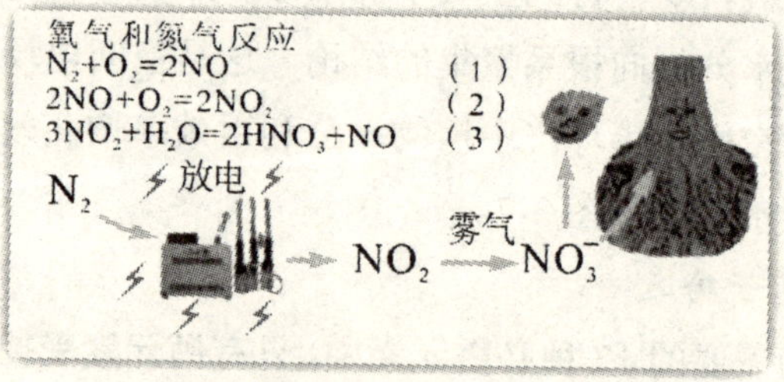

图 3-8 空间电场增产图

目前，比较清楚的空间电场促进作物生长的机制仅包括以上7 项内容，这些内容都在实验和生产实践中得到了验证，以此发展起来的空间电场调控植物生长技术正在生产中发挥着作用。这标志着一种新的植物生长调控理论已经诞生。

②空间电场的防病理论与技术

空间电场主要依靠电离空气产生臭氧、氮氧化物等氧化性气体，并在大气—植物—土壤之间形成泄漏电流和静电力来达到防治植物病害的目的。空间电场环境中的局部位点的电场强度达到电晕放电的阈值后就会电离空气产生臭氧、氮氧化物等氧化性气体，并促使大气—植物—土壤之间形成泄漏电流和静电力。氧化性气体、泄漏电流和静电力的空气净化作用和促进生长作用可以有效抵御病原物的侵袭。

A. 氧化性气体的产生

空气中的氧气、氮气会在高压放电的条件下转化为臭氧和氮氧化物。这些氧化性气体具有强烈的杀菌作用，附着在气溶胶上的真菌、细菌、病毒以及漂浮的真菌孢子、菌丝会被这些气体灭活。低剂量、经常性地供给这些气体能够有效地控制植物的气传病害，但不对植物的生长产生抑制作用。

B. 泄漏电流

土壤中的许多细菌、真菌、病毒具有趋电性，而且许多病原物对电流的忍耐力以及对土壤因电解而产生的气体（氯气、原子氧、酚类）耐性很弱，因此，在空间电场环境中土传病害发病率有所降低。

C. 空气净化作用

在空间电场（相当于静电场）环境中，携带有病原物的气溶胶会带上电荷并在静电场力（库仑力）的作用下从空气中脱除，空气进而保持清洁状态。因此，依靠空气传播的病害将得到空间电场的有效控制。

D. **植物抗病力的提高**

处于空间电场环境中的植物健壮程度高于普通环境中的植物，新陈代谢旺盛，其抗病力相对较强。

目前，空间电场的防病机制研究仍在继续，上述四点仅是得到实践证实的内容。在空间电场防治植物病害的具体应用中，适时调节电场强度、变化周期可得到很好的植物病害预防效果。

（2）空间电场在植物生产领域中的应用研究

空间电场应用的基础研究始于 1982 年。1989 年，刘滨疆、乔椿林等人在呼和浩特市蔬菜气象试验站进行了黄瓜、萝卜、地豆角、小麦的空间电场调控生长的试验，从此拉开了空间电场的应用技术研究的序幕。目前，空间电场防病促生技术系统已经得到推广应用，空间电场调控植物生长的科学价值已在实践中得到了充分证明。

①空间电场在蔬菜生产领域的研究与应用

在蔬菜生产领域，主要开展了空间电场调控果菜类、叶菜类、根菜类蔬菜的生长以及病害预防的应用基础研究和技术应用。应用基础研究工作集中于 1988—1996 年，空间电场用于生产的实践则开始于 1997 年。

用于研究的果菜类蔬菜主要集中在甜瓜、西瓜、黄瓜、茄子、番茄、青椒方面，主要的技术试验开始于 1998 年，最重要的研究和技术应用集中于空间电场与高浓度二氧化碳的同补环境中植物果实品质的改善、产量的表现以及病害防治方面，建立了甜瓜一株两瓜、小白玉萝卜水果化的空间电场/二氧化碳同补生产模式，建立了草莓白粉病、灰霉病等四病、黄瓜气传病害、莴苣心腐病的安全控制模式。

②空间电场在葡萄生产领域中的应用

空间电场在葡萄生产领域中的应用是从四川省双流县 2001 年秋种植的美国提子广泛发生黑痘病后开始的。这一年，双流县果农损失近 1 亿元。虽然实施了防雨棚栽培措施，但病害广泛侵染的问题仍未解决。

巨大的经济损失迫使种植者引进空间电场防病促生长系统进行试验示范。2002 年春节前在葡萄园内选择了 2 亩地块进行试验，试验的目的除了预防黑痘病以外还要考察整个生育期的多种病害发生情况。经过 2002 年的整年试验示范，试验葡萄区没有发生白腐病、霜霉病、黑痘病、白粉病、炭疽病等常见病害，没有使用任何防治上述病害的农药，而其他地块病害发生频率远远高于试验区，农药被大量使用。

试验期间出现了三个重要现象：一是每逢大雾天，实验园区就呈现出一片独特的雨林景象，外围雾气象被引力吸引一样涌向空间电场区，一夜下来，试验区便呈现“水乡泽国”。起初种植者还以为沟渠里的水跑了进来。二是从远处看，试验区与对照区呈现明显的色差，试验区叶色绿，生长势旺盛。三是整个生长季葡萄秧副芽梢多而生长旺盛，直到果实收获后期，新梢仍然大量萌发，工人不得不天天打梢。

2005 年至 2006 年，大连市开始了冷棚葡萄的空间电场防病促生长试验示范，主要监测葡萄白腐病、霜霉病、黑痘病三种病的发病情况，并考察空间电场环境中葡萄的生长势和果实糖度的变化情况。两个地区的实验结果均表明了空间电场预防葡萄病害以及调控葡萄枝蔓叶生长、改善葡萄果实品质的有效性。

③空间电场对葡萄生长发育与病害发生的研究实例

大连市农机推广站就空间电场对葡萄生长发育的影响进行了缜密的设计、试验，以下是试验的有关情况。

A. 研究内容

研究内容主要包括：空间电场环境中葡萄的主要性状、主要物候期、果实可溶性固形物等的变化情况；监测葡萄霜霉病、黑痘病、炭疽病、穗轴褐枯病的发病情况以及空间电场的防效；设施内二氧化碳的变化规律、盆水酸度的变化规律；给出葡萄设施生产的空间电场/二氧化碳同补应用的规程。

B. 研究条件和方法

在大连市金州地区，研究人员选择有 3 年树龄的巨峰葡萄来研究空间电场对葡萄生长发育与病害发生的影响。

（A）空间电场棚与对照棚的选择

选择 1 栋 600 m^2 的巨峰葡萄冷棚作为试验棚，另外，选择 1 栋 600 m^2 左右的巨峰葡萄冷棚作为对照。树龄一致，光照、棚温一致。

（B）空间电场的建立

冷棚中高 2.5 m、肩高 1.2 m、总宽 12 m，三垄栽培。巨峰葡萄架式采用篱架方式，架高 1.5 m，株行距 1～1.5 m×2 m，主蔓间距 40～50 cm，每主蔓留 2～3 个结果母枝，结果母枝以双枝更新为主。于 2006 年 3 月 20 日开始，依据巨峰葡萄架式结构在巨峰葡萄冷棚内建立空间电场。

空间电场发生系统采用 3DFC-600 型温室电除雾防病促生系统，输出电压/电流为 DC+50 kV/5 mA。二氧化碳增施采用烟气电净化二氧化碳气肥机，两者组合在一起成为同补技术系统。

在每垄篱架上方通过安装在架杆上的瓷质绝缘子沿长度方向布设空间电场正极线，三副篱架共三条线，三条线连为一体与3DFC-600型温室电除雾防病促生系统主电源正高压输出线相接，主电源的接地线与大地相接。见图3-9。

主电源启动后即可在正极线与地面之间形成空间电场。为了有效控制钙离子、碳酸氢根离子的输送，空间电场的变化形式采用间断出现的工作方式。

图3-9 3DFC-600型温室电除雾防病促生系统

（C）同补技术系统的建立

在空间电场环境中，采用薪柴与烟气电净化二氧化碳气肥机的结合方式实施葡萄冷棚的二氧化碳增施，满足葡萄在空间电场环境中对二氧化碳的需求。二氧化碳的补充主要集中于早春冷棚全封闭状态时期。

（D）二氧化碳与盆水酸度的监测

冷棚中二氧化碳浓度的监测采用GHX305型红外线二氧化碳分析仪进行实时监测。设施内酸度的监测主要是针对二氧化碳增补与空气氮肥化引起的酸度变化，在葡萄生长期内采用大盆盛水的方法积累酸性物质，采用 PHS-3C 型酸度计对空间电场环境与常规环境中盆水酸度进行监测。

（E）病害的监测

冷棚葡萄栽培环境中主要的病害是气传病害和一些生理病害。其中，葡萄灰霉病、霜霉病、黑痘病、白腐病、白粉病、炭疽病、穗轴褐枯病、裂果的发病情况是主要的监测对象，计测结果采用发病率、病情指数给出。

（F）品质、产量的测定

采用糖量计测定空间电场环境中成熟的巨峰葡萄果实含糖量，以葡萄果粒固形物含量来表示。产量的计测采用分期纪录的方法。

C. 结果与分析

（A）空间电场调控葡萄吸收二氧化碳的监测

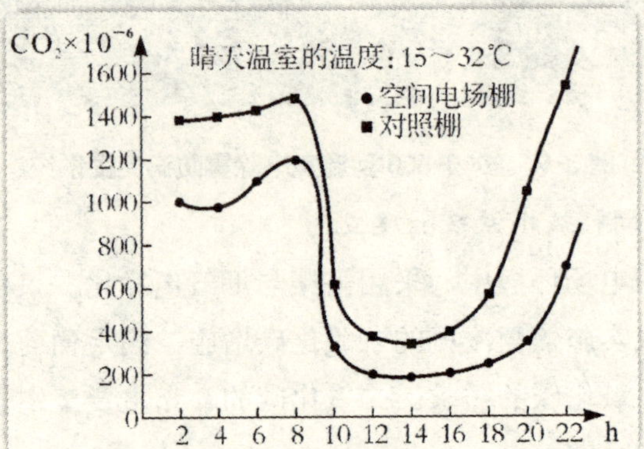

图 3-10 空间电场/对照葡萄冷棚内 CO_2 浓度的变化曲线

正向空间电场能够促进植物的光合作用，加快植物吸收二氧化碳的速度，并提高植物根系的呼吸速度，进而提高植物的生长速度。监测葡萄棚内的二氧化碳浓度变化可以确定空间电场调控葡萄光合作用的能力。图 3-10 给出了空间电场工作第 18 天时的空间电场 A 与对照葡萄棚的二氧化碳浓度日变化的监测结果。

由图 3-10 可以看出，在补充二氧化碳的情况下，空间电场棚的二氧化碳浓度任一时刻都较对照低，而且变化较对照多起伏。其原因同棚内外温差、雾气形成时间有关。二氧化碳在空间电场环境中易与水汽结合而由空气中脱除，因此，监测数值要小于对照，但在阳光充足的 10:00—16:00 这个时间段内，水汽的影响可以忽略，二氧化碳的低数值能够说明空间电场可以降低葡萄吸收二氧化碳的补偿点，提高葡萄秧的光合作用强度。

为了消除湿气对二氧化碳的影响，在阳光充足的上午 11:00—13:00 时间段内进行空间电场启动试验。启动前，用烟气电净化二氧化碳增施器为两个棚充入二氧化碳，并使开机前的浓度保持 $1\,600\times10^{-6}$。启动空间电场设备后开始监测两棚内二氧化碳浓度的变化。其结果如图 3-11 所示。由图 3-11 可以看出，在阳光充

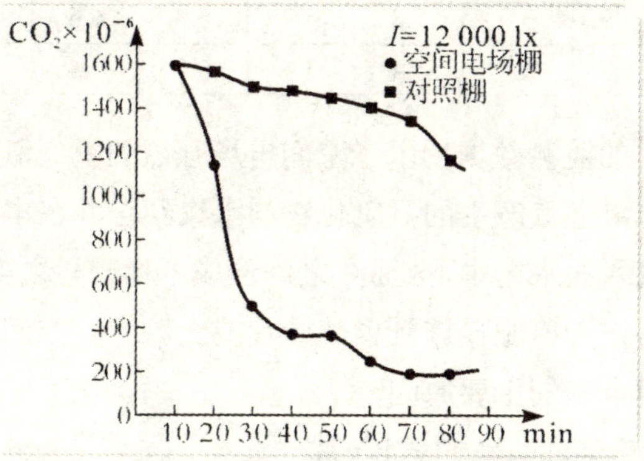

图 3-11　日照后两棚内 CO_2 浓度的变化曲线

足的中午时间段内，避开水汽后的空间电场环境中的二氧化碳浓度变化迅速，达到 200×10^{-6} 仅需 50～60 min。

在获得以上监测结果后，平均每隔 5 d 向两棚内补充高浓度二氧化碳，以期获得良好的促进生长、发育的效果。

（B）空间电场环境水盆水酸度的监测

在两棚中距地面 1.8 m 高处各放置 3 个直径为 200 mm、高为 80 mm 的陶瓷盆，盆水为蒸馏水。放置 2 个月，每 15 d 检测一次，视盆水蒸发量的大小而等量添加新水。表 3-1 为两个月内的盆水酸度变化值。

表 3-1　空间电场试验棚与对照棚盆水酸度 pH 监测值

时间/d	空间电场棚				对照棚			
	盆1	盆2	盆3	平均	盆4	盆5	盆6	平均
0	7	7	7	7	7	7	7	7
15	6.6	6.8	6.6	6.7	7	7	7	7
30	6.3	6.5	6.5	6.4	7	7	6.8	6.9
35	5.9	6.0	5.8	5.9	6.7	6.6	6.4	6.6
45	5.7	5.7	5.4	5.6	6.5	6.4	6.3	6.4

表 3-1 的监测数据揭示了空间电场强烈的空气氮肥化作用。高压电极电离空气产生的氮氧化物与水汽结合并在电场力的作用下由空气进入盆水之中，久而久之就形成了稀硝酸之类的酸性水，适当稀释可作为氮肥投施到葡萄叶片或土壤中。空间电场的这一作用是葡萄丰产的主要原因。

（C）葡萄生长发育性状的监测

空间电场葡萄冷棚植株生长状态的测定和物候期的记录是确

定空间电场与对照环境中差异性的关键参数，在空间电场环境中，巨峰葡萄植物学特征要有一些变化，因此，对其根、茎、叶、果的植物学描述可为空间电场调控巨峰葡萄生长发育的研究提供必要的参考。生长在空间电场环境中的葡萄其植物学特征的监测结果见表3-2。

表3-2　空间电场环境中葡萄生长发育性状的观察与监测

根		茎		叶		果	
空间电场	对照	空间电场	对照	空间电场	对照	空间电场	对照
侧生根、细根多，且新根亮白。土壤表层根系分布多	侧生根、细根较少且新根中等亮。土壤表层根细分布中等多	侧蔓、新梢粗。结果母枝粗壮。表皮皮孔细小	侧蔓、新梢较粗。结果母枝粗壮。表皮皮孔较大	新叶浅绿，红晕浓。成龄叶浓绿、光滑，叶背绒毛中等密	新叶浅绿，红晕较浓。成龄叶中等绿、光滑，叶背绒毛中等密	果穗形状、穗柄无显著变化。果粒稍大，形状无变化。甜度高	果粒相对较小，甜度中等

在空间电场环境中，葡萄根系相对土壤来讲为阳极，土壤中的水分将在根系处发生水的微电解，根系周围的氧气浓度将提高，进而提高根系的活力，使根系中的新根和细根成鲜亮白色。除了根系土壤的微电解产氧以外，还可能因为空间电场环境中的葡萄叶片光合作用强度提高，糖分向根系转运的数量增多，根系呼吸作用的增强导致了根系的生长加快，进而促进了藤蔓的生长。新梢茎表皮的皮孔孔径的变化可能同空间电场中的泄漏电流和二氧化碳的吸收、水分的蒸腾有关，其机制仍需深入研究。叶色的变化受空间电场环境中产生的许多新因素的影响，二氧化碳吸收能力的加强以及空间电场中生成的氮氧化物以及空间电场中形成的

泄漏电流引起的土壤矿物质营养的游离化作用都能够影响叶色的变化，最终导致较浓的红晕。果粒大于对照这一结果与空间电场环境中的空气氮肥化、二氧化碳的足量吸收以及钙离子输运受控等因素相关。

表 3-3 空间电场环境中葡萄物候期的观察与监测

空间电场主要物候期（日/月）					对照主要物候期（日/月）				
出芽期	开花期	始收期	末收期	生育期	出芽期	开花期	始收期	末收期	生育期
18/3	28/4	28/6	28/7	194	18/3	28/4	25/6	20/7	190

由表 3-3 可以看出，单纯的空间电场环境中的巨峰葡萄的始收期明显低于对照。其主要原因是建立空间电场的电极线和植株枝叶形成的尖端能够在高电压的状态下电离空气产生可以消解乙烯的臭氧，进而减慢果粒的成熟速度，延长果粒和枝蔓的生长期。从经济学的角度看，空间电场的这一特性需要进行调整，应使之成为获利的操控因子。因此，在空间电场中进行烟气电净化二氧化碳同补增施可以消除不利之处。同补调控结果见表 3-4。

表 3-4 空间电场/二氧化碳同补环境中葡萄物候期的观察与监测

空间电场/二氧化碳同步环境主要物候期（日/月）					对照主要物候期（日/月）				
出芽期	开花期	始收期	末收期	生育期	出芽期	开花期	始收期	末收期	生育期
18/3	26/4	24/6	25/7	196	18/3	28/4	25/6	20/7	190

由表 3-4 可以看出，空间电场/二氧化碳同补环境中葡萄物候期与对照和表 3-3 中单独的空间电场环境中的葡萄物候期有着明

显差异。其中，开花期、始收期都有了明显的提前。这主要是因为烟气电净化形成的二氧化碳中含有大量的乙烯，在一定的程度上补充了臭氧消耗的葡萄糖自然产生的乙烯。

（D）葡萄病害的监测

空间电场防病促生长技术的最显著的效果是气传病害的有效预防，其中，气传病害的调查重点是灰霉病、霜霉病、黑痘病、白腐病、白粉病。两个冷棚葡萄病害调查采用下表进行记录，记录每月 1 次，结果见表 3-5。

表 3-5　空间电场与对照冷棚葡萄病害的监测记录结果

日期 \ 种类	类别	霜霉病			炭疽病			黑痘病		
		调查株数/株	发病率/%	病指 DI	调查株数/株	发病率/%	病指 DI	调查株数/株	发病率/%	病指 DI
15/4	空间电场	100	0	—	100	0	—	100	0	—
	对照	100	0	—	100	0	—	100	0	—
15/5	空间电场	100	0	—	100	0	—	100	0	—
	对照	100	0	—	100	0	—	100	0	—
15/6	空间电场	100	0	—	100	0	—	100	0	—
	对照	100	0	—	100	0	—	100	0	—
15/7	空间电场	100	0	—	100	0	—	100	0	—
	对照	100	13	7.3	100	4	1.0	100	7	3.7
15/8	空间电场	100	1	0.3	100	2	0.7	100	0	—
	对照	100	18	11.0	100	11	4.7	100	9	5.7
15/9	空间电场	100	3	1.0	100	0	—	100	0	—
	对照	100	27	23.7	100	0	—	100	0	—
15/10	空间电场	100	3	2.0	100	0	—	100	0	—
	对照	100	43	40.7	100	0	—	100	0	—

其中，病害严重度分级标准制定如下：

a. 巨峰葡萄霜霉病。巨峰葡萄霜霉病主要危害葡萄的叶片，也侵害嫩梢、花序和幼叶等幼嫩部分。叶片发病，最初为细小的不定形淡黄色水渍状斑点，以后逐渐扩大，在叶片正面出现黄色和褐色的不规则形病斑，边缘界限不明显，经常数个病斑合并成多角形大斑，病斑背面产生白色的霜状霉层。发病严重时，叶片焦枯卷缩并在早期脱落。嫩梢、叶柄、果梗等发病，最初产生水渍状黄色病斑，以后变为黄褐至褐色，形状不规则。天气潮湿时，在叶片下表面密生白色霜状霉层；天气干旱时，病部组织干缩下陷，生长停滞，甚至扭曲或枯死。花及幼果受害，病斑初为浅绿色，后呈现深褐色，感病果粒变硬，并在果面形成霜状霉层，不久即萎缩脱落。巨峰葡萄霜霉病严重度调查分级标准如下：

0 级：无病。

1 级：1/4 以下的叶片发病。

2 级：1/4 以上的叶片发病，但主要集中在下部叶片，对产量影响不大。

3 级：1/4 以上的叶片发病且穗轴发病，有大量病果。

b. 葡萄炭疽病。葡萄炭疽病又名晚腐病，在我国各葡萄产区发生较为普遍，危害果实较重。主要分为花穗腐烂、果腐、枝柄类腐烂、叶腐。

花穗腐烂：葡萄在花穗期很易感染炭疽病。受炭疽病菌侵染的花穗自花顶端小花开始，顺着花穗轴、小花、小花梗发展，初变为淡褐色湿润状，后逐渐变为黑褐色腐烂，有的是整穗腐烂，有时间有几朵小花不腐烂。腐烂的小花受震动易脱落。空气潮湿时，病花穗上常长出白色菌丝和粉红色黏稠状物，此物为病菌的黏分生孢子团。

果腐：果实受侵染，一般转色成熟期才陆续表现出症状。病斑多见于果实的中下部，初为圆形或不规则形，水渍状，淡褐或紫色小斑点，以后病斑逐渐扩大，直径可达 8～15 mm，并转变为黑褐色或黑色，果皮腐烂并明显凹陷，边缘皱缩呈轮纹状。病、健组织交界处有僵硬感。空气潮湿时，病斑上可见到橙红色黏稠状小点，此为病菌的分生孢子团。后期，在粉红色的分生孢子团之间或其周围偶尔可见到灰青色的一些小粒点，此为病菌的有性阶段子囊壳。发病严重时，病斑可扩展至半个以至整个果面，或数个病斑相连引起果实腐烂。腐烂的病果易脱落。

果枝、穗轴、叶柄及嫩梢腐烂：果枝、穗轴、叶柄及嫩梢受侵染后，产生深褐色至黑色的椭圆形或不规则短条状的凹陷病斑。空气潮湿时，病斑上亦可见到粉红色的分生孢子团。果梗、穗轴受害严重时，可影响果穗生长以至果粒干缩。

叶腐：受害多在叶缘部位产生近圆形或长圆形暗褐色病斑，直径 2～3 cm。空气潮湿时，病斑上亦长出粉红色的分生孢子团。

综合上述内容，专家制定了以下巨峰葡萄炭疽病严重度调查分级标准：

0 级：无病。

1 级：果腐占果穗果粒总数的 1/4 或果枝、穗轴、叶柄及嫩梢有微小侵染症状。

2 级：果腐占果穗果粒总数的 1/4 以上或果枝、穗轴、叶柄及嫩梢、花穗有个别病斑。

3 级：果腐占果穗果粒总数的 1/4 以上以及果枝、穗轴、叶柄及嫩梢、花穗均有病斑。

c. 葡萄黑痘病。葡萄黑痘病又名疮痂病，俗称“鸟眼病”。黑痘病主要危害葡萄的绿色幼嫩部分，如果实、果梗、叶片、叶柄、新梢和卷须等。

叶片：开始时出现针头大红褐色至黑褐色斑点，周围有黄色晕圈。后病斑扩大呈圆形或不规则形，中央灰白色，稍凹陷，边缘暗褐色或紫色，直径 1～4 mm。干燥时，病斑自中央破裂穿孔，但病斑周缘仍保持紫褐色的晕圈。

叶脉：病斑呈梭形，凹陷，灰色或灰褐色，边缘暗褐色。叶脉被害后，组织干枯，常使叶片扭曲，皱缩。

穗轴：发病使全穗或部分小穗发育不良，甚至枯死。果梗患病会使果实干枯脱落或僵化。

果实：绿果被害，初为圆形深褐色小斑点，后扩大，直径可达 2～5 mm，中央凹陷，呈灰白色，外部仍为深褐色，而周缘紫褐色似“鸟眼”。多个病斑可连接成大斑，后期病斑硬化或龟裂。病果小而酸，失去食用价值。染病较晚的果粒仍能长大，病斑凹陷不明显，但果味较酸。病斑限于果皮，不深入果肉。空气潮湿时，病斑上出现乳白色的黏质物，此黏质物为病菌的分生孢子团。

新梢、蔓、叶柄或卷须：发病时，初现圆形或不规则小斑点，以后呈灰黑色，边缘深褐色或紫色，中部凹陷开裂。新梢木质化以前最易感染。发病严重时，病梢生长停滞，萎缩，甚至枯死。叶柄染病症状与新梢相似。

依据以上内容制定了以下巨峰葡萄黑痘病严重程度调查分级标准：

0 级：无病。

1 级：1/4 以下的幼叶出现或嫩梢出现针头大小的斑点。

2 级：1/4 以上的幼叶出现或嫩梢出现针头大小的斑点，且果实出现了圆形深褐色小斑点。

3 级：1/4 以上的幼叶出现或嫩梢出现针头大小的斑点、穗轴、果实、蔓、叶柄或卷须均出现病斑。

$$\text{病情指数（\%）}=\frac{\Sigma\text{（各级病株或病叶数}\times\text{发病级值）}}{\text{调查总样本数}\times\text{最高级值}}\times\%$$

从以上分级标准计算出的病情指数以及表 3-5 的发病率、病情指数的综合结果来看，空间电场对三种病害的预防是有效的。空间电场对空气中漂浮的微生物气溶胶具有非常强的杀灭与净化作用。正向的空间电场能够促进植物的光合作用，并提高植物的健壮程度，进而提高植物的抗病力。

（E）生理病害的预防效果测评

和光、化肥、温度一样，空间电场也是一自然存在的植物生长调控因子。空间电场的变化能改变植物吸收和输运 Ca^{+}、HCO^{3-}的离子量和方向。按照电钙调理论，空间电场是通过调控钙离子来调控植物的多种酶促反应和生理代谢。因此，空间电场可以有效地解决植物生长中的多种生理病害，比如各种缺素症和多种环境因素变化造成的生理障碍，这里着重调查畸形果、裂果等。

空间电场、对照两冷棚生理病害调查结果记录在表 3-6。表 3-6 表明常规栽培中经常出现的生理性病害却在空间电场环境中较少出现。造成这一现象的主要原因是空间电场改善了葡萄秧的吸收、转化、输运能力，特别是二氧化碳、钙离子的吸收与输运。

表 3-6 空间电场、对照冷棚葡萄生理病害调查记录

日期（日/月）	畸形果		裂果	
	空间电场	对照	空间电场	对照
15/6	无	无	无	无
15/7	很少	无	无	无
15/8	少	多	极少	较少
15/9	无	无	少	少

（F）葡萄产量的测定

空间电场棚采用定期补充二氧化碳的形式来实现同补的产量倍增效应。空间电场棚和对照棚的葡萄产量的分期收获产量见表 3-7。

表 3-7 分期收获产量记载表

收获日期（日/月）	空间电场/二氧化碳冷棚/kg	对照冷棚/kg	备注
28/7	280	300	
15/8	450	300	28/7—15/8 之间的收获产量
10/9	650	440	16/8—10/9 之间采收的产量

空间电场棚的总产量高于对照棚 32%，这主要是因为空间电场/二氧化碳的同补。单纯的空间电场能够促进产量的增幅一般在 12%左右。

（G）果实品质的测定

空间电场环境中巨峰葡萄果实品质主要是果穗平均重、果粒平均重、可溶性固形物含量、含酸量、固酸比（表 3-8）。

由表 3-8 可以看到，巨峰葡萄果实颗粒大、可溶性固形物含量高于对照环境中的巨峰葡萄质量指标。

表 3-8　空间电场/对照冷棚葡萄果实品质的测定

果穗平均重/g		果粒平均重/g		可溶性固形物含量/%		含酸量/%		固酸比	
空间电场	对照	空间电场	对照	空间电场	对照	空间电场	对照	空间电场	对照
352～458	340～450	10.3～12.6	9.7～11.0	15～16	13～15	0.5～0.7	0.5～0.7	27.2/1	26.3/1

（八）冷棚环境状态感观评测

表 3-9　空间电场/对照冷棚环境状态感观评测

日期（日/月）	空间电场				对照			
	雾气	气味	土壤相对含水/%	浇水次数（累计）	雾气	气味	土壤相对含水/%	浇水次数（累计）
28/3	无	无	68	0	有	无	69	0
5/4	无	无	65	0	无	无	81	1
30/5	无	无	80	1	有	无	78	1
15/6	无	无	76	0	无	无	73	0
25/7	无	无	84	1	无	无	82	1
15/8	无	无	64	0	无	有	68	1

由于空间电场能够去除雾气，消除腐败植物和有机农药散发的气味，故能改善温室的透光率以及提高温室空气质量，保障农民的身体健康。因此，温室雾气和气味应是试验的评测对象。

另一方面，由于温室空间电场环境中，大地是阴极，上空电极线为阳极，根据阴极聚水原理，空间电场环境中土壤含水率要较对照温室高，且节水显著，因此需进行评测。

（1）空间电场调控冷棚葡萄生长存在的问题

a. 旺长问题。空间电场/二氧化碳同补往往会造成枝蔓，特别是新梢、副梢旺长，如果仍然按照常规的栽培管理程序进行管理，就会造成营养生长和生殖生长失调，因此，抹梢工作频繁是同补环境中葡萄秧生长管理的特点。

b. 冷棚密闭及二氧化碳补充问题。在冷棚葡萄生产中，空间电场的建立是比较容易的。但在采用空间电场/二氧化碳同补技术时，往往需要封闭比较严密的棚设施，以及充足的薪柴、煤炭等可燃物，这些在实际生产中往往很难达到。

为了获得良好的同补效果，占地 667 m^2 冷棚葡萄的同补试验中需要近 80 kg 干柴草，这些柴草来源于周边农作物收获后的残留物。从推广的角度来讲，将柴草或其他植物秸秆压制成草块是解决冷棚葡萄空间电场/二氧化碳同补技术推广难题的关键。

冷棚的密闭往往同投资相关。从现在的冷棚葡萄生产现状来看，实现良好密闭不是很难办到的，关键是通过冷棚葡萄的空间电场/二氧化碳同补技术试验示范让葡萄种植者亲身体验到同补的好处，使被动的推广变成种植者的自觉行为就可保证同补时的密封要求了。

c. 安全问题。建立空间电场的电极系统带有 42 kV 的直流正高压，人直接碰触会遭受电击。不过这种电击电流非常小，通常仅为 1 mA，因此不会造成人员的直接损伤。

D. **讨论**

（A）空间电场调控葡萄枝、蔓、叶、根的生长

在空间电场环境中，巨峰葡萄的植物学性状表现出了一些变

化，其中，变化最明显的是根系和叶片。亮白的新根是根系活性高的表现。空间电场在根系—土壤之间形成的微电解作用利于根系的生长发育。大而深绿色的老叶片以及红晕色泽显著的新叶片与二氧化碳的空间电场驱动吸收、空气放电的氮肥化、钙离子在葡萄秧与土壤之间的空间电场驱动运输、矿物质营养的游离化等因素相关。对枝蔓表皮皮孔的变化仍然需要深入研究。空间电场环境中，根、茎、叶功能的强化为葡萄的丰产、品质的提高奠定了物质基础。

（B）果实品质

空间电场环境中，葡萄叶片能够高效地吸收二氧化碳，而其呼吸作用则有所抑制，这对果实积累糖分具有重要意义。然而，空间电场环境中，尖端位置产生的臭氧能够分解果实、叶片、枝蔓产生的乙烯，造成果实的晚熟，因此，必须遵循空间电场与二氧化碳同补的技术原则，而且最好采用烟气电净化获得的二氧化碳。这种烟气二氧化碳中含有一定量的乙烯，能够补充空间电场环境中臭氧分解的乙烯量，促进果实的成熟。

（C）病害

在设施栽培中，葡萄病害基本都具有空气传播的特性。霜霉病、炭疽病、黑痘病、白腐病等病原物依靠气流进行扩散传播的能力远较水流、接触传播强。空间电场对携带有病原物的气溶胶的运动具有强烈的抑制和消除作用，尖端放电形成的离子化气体，特别是臭氧、氮氧化物，对真菌孢子、细菌具有强烈的杀灭作用。而在空间电场和二氧化碳同补环境中，葡萄枝叶和根系的强壮提高了抗病力。因此，空间电场在预防葡萄病害，特别是预防气传病害方面作用独特，效果优异。

（D）水分集聚问题

在空间电场环境中，空气中的水分，特别是雾气，会受到静电力的作用而做趋向于地面的定向运动，因此，在冷棚内外温差较大的情况下，葡萄秧的蒸腾作用以及土壤的蒸发作用产生的水分会凝聚为微小的雾气，并受到静电力的脱除作用而落回地面，直到蒸发的水汽量与回落的水汽量达到平衡为止。

另一方面，地面相对于空间电极的带电极性为阴极，根据阴极聚水原理，空间电场辐射到的土壤范围将会把界外土壤的水分吸引过来。这是空间电场环境中土壤长期保持湿润的根本原因。

（E）空间电场自身的问题

本实验中采用的空间电场其工作方式是一种间歇的工作方式，而不是恒定的工作方式。这种方式源于植物—土壤之间的钙离子电驱动特性。植物吸收的一些离子，诸如钙离子、碳酸氢根离子，对空间电场强度的升降变化反应灵敏，而且植物在间歇变化的空间电场环境中的生长要好于恒定的空间电场。

另一方面，从空间电场产生系统的电特性方面考虑，空间电场瞬间的出现会在空气中产生比较强大的充电电流，并迅速将空气中的粉尘、雾气等附着有植物病原菌的气溶胶除去。而且空间电场建立的瞬间是净化空气效率最高的时间点。

E. **结论**

a. 空间电场能够显著加快冷棚葡萄吸收二氧化碳速度，提高葡萄秧的光合作用。

b. 空间电场/二氧化碳同补能够显著促进葡萄果实的生长和提高可溶性固形物的含量。

c. 空间电场能够有效预防葡萄的霜霉病、炭疽病、黑痘病，并能减少畸形果、裂果数量。

d. 空间电场能够提高根系活性，促进根系生长。

e. 空间电场具有促进空气氮气转化为氮肥的作用，并促进棚室水分的酸化。但不会造成酸性危害。

f. 空间电场具有保持土壤水分的性能。

g. 空间电场对葡萄枝蔓表皮的皮孔数量、大小具有显著的影响。

④空间电场调节食用菌生长领域的应用

空间电场是以食用菌和基质中的 Ca^{2+}、HCO_3^- 为调控对象，以空气中氮气氧化为结果来促进食用菌生长的。这与自然界中存在的大气电场、打雷闪电调控食用菌生长发育的机制相似。

在食用菌生产的设施空间内，一定强度和方向的空间电场可以使空气中的汽雾和粉尘电荷并做定向脱除运动，从而净化空气。在此过程中，附着在汽雾和粉尘上的病原微生物、孢子会受到空间电场及它产生的微量的臭氧、高能带电粒子作用而被杀死和灭活。

另一方面，设施内表面上的粉尘、病原孢子也会在空间电场的作用下被限制在结构物表面上，这样就能够预防气传病害的发生。

此外，由于这个空间电场是直流电场，因此在基质中有微弱直流电流形成。微弱直流电流对微生物具有致死作用，其致死效果跟电流密度，基质的温度、pH、电阻率，微生物的最初污染程度以及品种属性有关。食用菌菌丝对微弱直流电流有较强的抗性，而镰孢霉则较弱。通过空间电场获得的洁净空气是减少设施食用菌病害的关键。

在装有空间电场促蕾防病系统的食用菌设施内，看不到冬季那种雾气腾腾的景象，空气清洁无异味，菇蕾出现早且整齐，菌菇上很少有水滴。在空间电场作用的环境中，平植的双孢菇单位面积产量要比垛植的高。在空间电场促蕾防病系统进入自动循环工作期间，设施双孢菇和金针菇的生产中均未出现通常的病害，许多疑难病症也都消失，产量也较往年高。在整个生产期，菇蚊、蝇也很少出现。

（3）空间电场在畜禽养殖中的应用研究

近几年频繁发生的高烈度动物疫病已成为阻碍畜牧业健康发展的全球性问题，疫病的频繁发生简直到了防不胜防的地步，超级细菌、变异很快的病毒将抗生素、常规疫苗几乎逼到了失去效能的边缘。被动的防病防疫措施总是与区域性养殖业的重大损失相伴而生。扑杀虽说是国际通行的防疫措施，但更多的是人们对莫名高致病病原的一种恐惧反应。它阻止疫病传播的效果到底如何也并没有可靠的实验能够验证，此地扑杀完毕彼地又现已是司空见惯的事情。

一些传播迅速的疫病的突然消失并不是扑杀和隔离的结果，也不是仓促开发出的疫苗普遍接种的结果，而是环境致变与动物自然免疫的结果。环境致变的对象是微生物气溶胶，导致的结果是微生物气溶胶的生物衰减，即微生物死亡或失去活力或变异。动物自然免疫是对环境致变形成的抗原产生的免疫反应，动物的许多疾病都是通过自然免疫得到控制的。总的来讲，在了解微生物气溶胶的基础上对微生物气溶胶实施物化控制是预防包括呼吸道阻塞性感染疾病、急性呼吸道传染病、人畜共患感染性疾患等感染性流行病在内的疾病的最佳方式，也是解决设施化畜牧业畜禽疫病特别是新城疫、禽流感以及猪瘟、口蹄疫发生的根本途径。

①生物气溶胶疫苗化的空间电场调控方法

在畜禽舍内间断出现的直流空间电场可使随空气侵入畜禽舍或舍内扬尘浮起的或动物喷嚏带出的病原微生物灭活，也可使畜禽舍内物体表面的病原微生物死亡和钝化。对于畜禽舍内的动物，灭活的微生物气溶胶属于自然产生的疫苗，它可通过动物的呼吸、舔食进行接种免疫。

同时，直流空间电场又将空气中的粉尘驱除，粪道外空间与粪道内空间组成的立体空间电场又可使氨气、硫化氢以及恶臭气体浓度显著降低。清洁的空气可提高动物抵抗普通疫病的自然免疫力，并对免疫力的形成起协保作用。

畜禽舍内间断出现的直流空间电场是微生物气溶胶疫苗化的致变条件，也是洁净空气的保障。在畜禽舍内设置空间电场可以在任何时间使突然冒出的病原微生物致变，使之灭活或死亡而成为疫苗化微生物气溶胶。这是预防突然而至的禽流感之类疫病的新途径，是今后的高密度养殖环境的防病防疫工程建设的新理论。

A. 禽舍内的微生物气溶胶

悬浮于空气中的微生物所形成的胶体体系称为微生物气溶胶，它包括分散相的微生物粒子和连续相的空气介质。空气中的微生物大多附着在灰尘粒子上而形成微生物气溶胶，微生物气溶胶的粒径为0.002～30 μm。在自然环境中，气溶胶上附着的微生物主要是非病原性腐生菌。一般情况下，各种球菌占66%，芽胞菌占25%，还有真菌、放线菌、病毒、蕨类孢子、花粉、微球藻类、原虫及少量厌氧芽胞菌。笼统地讲，除了高度专性厌氧芽胞菌的繁殖体外，土壤中有多少种微生物，空气中就会有多少种。

气溶胶对动物的健康，特别是对集约化养殖的动物的健康，具有巨大的影响。作为畜禽集中的畜禽养殖舍，空气中除了有场内大气自然微生物以外，还有以下几类特有的病原体：

细菌类：结核杆菌、肺炎双球菌、绿脓杆菌、肠杆菌、沙门菌、葡萄球菌、硝酸盐阴性杆菌、弧菌、克雷伯杆菌、变形杆菌等，约160种；

真菌类：球孢子菌、组织胞浆菌、隐球菌、念珠菌、曲霉和青霉、毛霉等，约600种；

病毒类：鼻病毒、腺病毒、麻疹、流感病毒，几百种；

其他：支原体、衣原体、立克次体等。

微生物气溶胶的这一特性导致了同一畜禽舍内的动物疾病的多样性和复杂性，也导致了疾病预防难度的增加。

除了外界空气带来的微生物气溶胶以外，还包括带毒畜禽向环境排毒形成的气溶胶。带毒畜禽向环境排毒的基本方式包括咳嗽产生的飞沫、呼吸运动产生小粒径气溶胶以及咬啄物体产生的口液、粪尿排泄物经机械运动或外力作用以气溶胶的形式起飞的气溶胶。

沉积在物体表面的粒子会由于风吹、清扫、震动以及各种机械作用而扬起，产生再生微生物气溶胶。在一个环境相对稳定的畜禽舍内，只要气溶胶中微生物粒子保持活性，悬浮—沉积—再悬浮—再沉积的播散运动就会永不停歇。因此，畜禽舍内微生物气溶胶的传播与物表的接触传播常常是统一的，也是无法分开的。

过度强调接触传播而低估了微生物气溶胶的传播作用，或只强调严格洗手、清洗饲养设施而不注意空气消毒都是不当之举。空气消毒不彻底，微生物气溶胶沉积在动物体或饲养员身上、手上，再通过接触易感部位也同样可以导致感染。有句名言“凡能经空气传播的也都能经接触传播”一语道破了接触传播与空气传播不可分割的关系。

B. 微生物气溶胶疫苗化的条件

微生物气溶胶成为疫苗的基本要求同研发疫苗的要求一致，即微生物必须是死的或弱毒的，而且一次接种量应满足生物安全要求。常规的疫苗制备有比较长的周期，而病原的变异是经常的，即使进行了新疫苗接种，变异后毒力更强的病毒和细菌的挑战仍可以带来前期被免疫的动物发病或死亡。因此，时时实施微生物气溶胶疫苗化是有效防范任何时间新出现或突发的病毒和细菌攻击、确保畜禽舍饲养动物安全的一种新思路。在畜禽舍内建立间歇出现的直流性质的空间电场可以实现微生物气溶胶时时疫苗化这一目的。

C. 疫苗化的空间电场调控方法

在畜禽舍内建立的空间电场是一种间歇出现的直流性质的空间电场，空间电场只有采用间歇工作方式才可能实现微生物气溶胶疫苗化的高效率。

空间电场创建微生物气溶胶疫苗的过程如下：在空间电场出现的时间内，粉尘、飞沫等包含有微生物的大粒径气溶胶将受定向电场力的作用而从空气中脱除，同时接近电极线的微生物气溶胶无论是大粒径的还是小粒径的，都将受到放电产生的高能带电粒子、强氧化物的攻击，其上的微生物或死亡或钝化或毒性弱化，而由动物活动、粪便微生物产气活动和其他机械运动产生的新气溶胶因受定向电场力的抑制作用而不能形成大的飞扬。在空间电场消失后的时间内，畜禽舍环境中会产生新的携带有微生物的大粒气溶胶，但在这些新起飞的微生物气溶胶还没有进一步发展时，新的空间电场又产生了。这样循环下去，畜禽舍的空气质量将得到彻底改善，附着在任何粒径的气溶胶上的微生物，其致病能力都将弱化和消失，一些灭活的或致弱的微生物气溶胶将会起到汽雾疫苗的作用。

这些具有汽雾疫苗作用的微生物气溶胶粒子在呼吸道中的沉着、阻留和被吸入与上呼吸道的生理解剖学结构及防御功能有直接关系，5 μm 以上粒径的微生物胶粒疫苗可被鼻甲、气管、较大的支气管、终末支气管等处的黏膜纤毛挡住，只有小于 5 μm 的小粒子胶粒疫苗才能通过这些屏障进入肺泡，而肺泡是最容易感染的组织，所以进入和留在肺泡内的微生物几乎等于组织内免疫接种。

用炭疽芽胞作的感染实验表明了微生物气溶胶粒子的大小与炭疽芽胞的感染剂量有密切关系，粒子愈大所需要的感染剂量愈大。一般情况下，小粒子胶粒作为汽雾疫苗更为有效，但大粒子在免疫应答方面也相当重要。

因此，在空间电场环境中培育出的动物不同于无菌环境中培育的动物，它们体内将有多种疫病病原的抗体，在转场、转群时或其后的饲养环境中将对疾病表现出较强的抵抗力。

D. 空间电场对疫苗化微生物气溶胶的协保作用

许多资料表明，畜禽舍环境中的粉尘、氨气、硫化氢、寒冷能够降低动物抵抗普通疫病的自然免疫力和疫苗接种的有效性。而且氨气还是呼吸道黏膜中病原变异的诱因，消除这些有害物质和环境条件有利于提高动物的健康水平。

空间电场在灭活气溶胶微生物、制造气溶胶疫苗的同时，还可清除空气中的粉尘。如果是笼养畜禽舍，设置在粪道内的空间电场还可显著降低氨气、硫化氢以及恶臭气体浓度，降低或切断这些环境污染因子对抗体形成的干扰，从而提高动物的自然免疫力。另一方面，由于空间电场净化空气采用静态净化方式，因此畜禽舍内空气不受扰动，易于保温，动物不会产生冷气流应激，而且可显著减少全封闭畜禽舍冬季通风的次数。

②空间电场环境中动物的安全性

长期的生产实践和有关实验证明，长期自动循环和间歇工作的空间电场不会对猪、鸡特别是种猪、种禽的繁殖性能以及仔猪、雏鸡的生长发育产生可视和可测的危害，而且可以避免电极系统在产生空间电场时附带生成的臭氧、氮氧化物与粉尘结合在一起而对动物产生毒理作用。

③空间电场环境中鸡新城疫抗体水平的动态监测

用柠檬酸与碳酸氢钠制成的新城疫毒源以气溶胶喷雾的形式在封闭式生物安全实验室对实验鸡群进行攻毒试验，其目的是通过监测鸡群整体抗体水平的变化，确定空间电场对空气微生物疫苗化的调控能力。

A. 雏鸡母源抗体的动态监测

表 3-10 列出了雏鸡母源抗体的动态监测结果。从表 3-10 可见，1 日龄母源抗体几何平均值为 7.1，1～9 日龄母源抗体下降缓慢，9 日龄以后下降速度较快，平均每 4 天下降 1 个滴度左右。

表 3-10　雏鸡母源抗体的动态监测

日龄	批次					平均
	1	2	3	4	5	
1	7.4	6.8	6.9	7.2	7.1	7.3
9	6.6	6.1	6.2	6.6	6.4	6.5
17	4.3	4.1	3.8	3.9	4.1	4.3
25	2.3	1.7	1.4	1.7	1.8	2.0

B. 空间电场环境中鸡新城疫标准抗原攻毒试验

利用鸡新城疫标准抗原制成二氧化碳雾化毒液，攻毒试验分为三次，浓度逐次递增，每次毒液浓度为前次的1倍（表3-11）。

表3-11　空间电场环境中首次攻毒后的抗体水平变化规律

日龄	批次				平均
	1	2	3	4	
9	6.9	6.6	6.1	6.5	6.2
12	5.5	5.0	4.9	5.2	5.1
20	6.2	6.7	6.5	6.4	6.3
28	5.4	4.7	5.6	5.6	6.5

从表3-11可见，9日龄雏鸡被首次攻毒后，抗体水平先呈下降趋势，攻毒后11天，即20日龄时，抗体水平平均值上升为6.4个滴度，攻毒后19天，即28日龄时，抗体水平又呈下降趋势，但仍处于新城疫临界保护状态（4log 2）以上。

表3-12为第二次攻毒试验的抗体水平监测数值，毒液浓度是首次攻毒的1倍。攻毒后，15天内抗体水平变化不大，15天以后开始下降，25天内抗体水平仍可维持在保护状态，之后，抗体水平低于临界水平，失去保护意义。

表3-12　空间电场环境中首次攻毒后的抗体水平变化规律

日龄	批次				平均
	1	2	3	4	
20	5.4	6.2	5.8	5.9	6.1
35	5.6	5.7	5.9	5.7	5.5
45	4.8	4.6	4.4	4.5	4.3
75	3.8	3.6	2.8	3.3	3.0

表 3-13　空间电场环境中首次攻毒后的抗体水平变化规律

日龄	批次			平均
	1	2	3	
45	4.3	4.5	4.3	4.3
52	5.0	5.6	5.1	4.7
59	5.8	6.3	5.7	5.0
80	4.6	5.4	4.8	4.3
80 （对照，未攻毒）	2.0	1.7	1.8	1.4

表 3-13 为第三次攻毒试验的抗体水平监测数值，毒液浓度是第二次攻毒的 1 倍。第三次攻毒后半个月内抗体水平提高 1.4 个滴度，鸡群表现出对新城疫的高抵抗力，第 35 天的群体抗体水平仍可达到 4.8 个滴度，能够满足群体的保护要求。

以上 4 个表所列数据均为 40 个样本几何平均值。表 3-14 为空间电场环境与普通环境中 45 日龄鸡被攻毒后的发病率、死亡率调查结果。

表 3-14　两种环境下鸡被攻毒后的发病率、死亡率调查结果

日龄	空间电场环境		普通环境		备注
	发病率/%	病死率/%	发病率/%	病死率/%	
45	0	0	0	0	空间电场环境中 45 日龄鸡群已经进行了两次攻毒
52	0	0	13.4	7.8	
59	0	0	23.4	14.5	
80	0	0	6.7	1.6	

C. 疫苗化效果

通过对表 3-10 至表 3-14 所列数据的分析，我们可以看出，空间电场能够对新城疫病毒气溶胶进行疫苗化调控，防病防疫效果显著，完全能够对突发性疫病实施有效预防。

⑤空间电场防疫技术应用前景

目前，养殖业迫切需求的是预防突发类疫病和不断变异的病毒型疫病的方法和手段。禽流感、口蹄疫是全球最关注的疫病。常规的疫苗接种计划有其局限性，依靠疫苗对一个鸡群、畜群提供完全保护是极不现实和危险的。

抗原性差异、畜禽个体差异、病毒的变异、超级细菌仅仅是免疫计划失败的一个原因；另一不被人重视的原因是糟糕的环境和饲养方式。一个舒适清爽的环境和疫苗相比，它们的作用相等，或舒适清爽的环境的作用更大，良好的环境，特别是优质的空气质量和合适的温度，会给养殖场带来显著的经济回报。因此，我们需要一个能够多方兼顾的空间电场防病防疫技术。

任何一个养殖场对一个能够及时将任何时间悄然潜入畜禽舍内的高危病毒、细菌或根本就无法判明的带毒畜禽的排毒迅速、杀灭、钝化或灭活并疫苗化的技术都会产生极大兴趣，况且，空间电场防病防疫技术还能够将污浊的空气迅速净化，对传统的免疫计划起着良好的保护作用。这就是能够多方兼顾的畜禽舍微生物气溶胶的空间电场防疫技术，一个让养殖者获得安全感的、从此轻松应对市场的新技术。

畜禽舍微生物气溶胶疫苗化的空间电场防疫技术的发明为集约化畜牧业的疫病预防、动物产品药物残留的控制、环境安全型畜禽舍的建设提供了新的方法。

（4）空间电场技术应用实例

①天津市宁河县空间电场技术应用实例

天津市宁河县赵学村王凤安二代温室种植黄瓜使用了空间电场设备。2006 年 9 月 15 日黄瓜定植后一周左右（缓苗期过后即 9 月 23 日）开始使用空间电场，10 月 30 日停止，共使用 37 天。空间电场解决了温室的高湿问题，控制了病害的发生与传播，促进了植物的光合作用，加强了蔬菜对养料的吸收，因而节省了农药并延长了蔬菜的生育期，增产效果明显。

试验温室黄瓜产量 2 770 kg，对照温室黄瓜产量 2 392 kg，增产 378 kg，增产率 15.8%；当年，试验温室共收入 3 508 元，对照温室收入 2 999 元，试验温室增加收入 509 元，增效 17%（平均 1.27 元/kg），提前上市 5 d，延长了 3 d 采摘期。

2006 年，天津市宁河县造甲镇华绿科技园区进行了温室种植芹菜试验。芹菜茎秆粗壮，茎高增加 10%，叶片绿，长势旺盛，产量提高 20%。2007 年 12 月 8 日—2008 年 5 月 30 日，又在西红柿温室使用空间电场。使用时间：在西红柿定植缓苗期过后即 1 月 23 日开始使用空间电场，5 月 30 日停止，共使用 127 d。试验温室西红柿产量 6 850 kg，对照温室西红柿产量 6 120 kg，增产 730 kg，增产率 11.9%；应用温室共收入 13 895 元，对照温室收入 11 628 元，增加收入 2 267 元，增效 19.5%。提前上市 5 d，由于上市早，第一批西红柿价格 1.60 元/kg，又延长了 3 d 采摘时间，因此经济效益大大提高。

90%以上温室的空气可在开机后 1 min 之内被“干燥”，温室内气体明显清亮，温室内湿度可降至 30%～70%，节省农药 80%，满足了无公害蔬菜的要求。

②天津市蓟县空间电场技术应用实例

天津市蓟县赵振阔、宋爱民两个西红柿大棚通过使用空间电场，从未发生西红柿疫病，而对照大棚从西红柿定植开始就持续发生疫病，打药十余次。通过实施物理农业技术，示范大棚产量达到 162 000 kg/hm^2，而对照棚产量为 124 500 kg/hm^2，产量增加值 37 500 kg/hm^2，增长 30%。使用空间电场防病促生技术后，所产果品果形端正，色泽光润，规格整齐。由于减少甚至免除了农药使用，达到了绿色或有机产品要求，因此产品的市场竞争力增强。市场价格在 3.4 元/kg 以上，比对照产品价格高 0.2～0.4 元/kg。采用物理农业技术后，增加收入 176 850 元/hm^2。

③天津市西青区畜禽舍自动防病防疫技术应用实例

A. 试验的目的和意义

通过在肉鸡畜禽舍使用 3DDF-660 型和 3DDF-60 型畜禽舍空气电净化自动防疫系统，验证畜禽舍空气电净化自动防疫系统对降低肉鸡死亡率和料肉比等产生的作用。

B. 试验样机基本原理和基本参数

（A）基本原理

系统在电极线与地面之间建立起自动循环、间歇工作的空间电场，电极线周围产生微量臭氧、氮氧化物和高能带电粒子。在空间电场中的雾汽、粉尘、孢子会立刻受电场力的作用而做定向脱除运动，并迅速吸附于地面和墙壁表面，而附着在雾汽、粉尘上的大部分病原微生物、孢子也会在高能带电粒子、臭氧的双重作用下被杀死或灭活。在随后的自动循环间歇工作中，空间电场又抑制了雾汽的升腾和粉尘、孢子的飞扬，隔绝了气传病害的气流传播渠道。

3DDF 型畜禽舍空气电净化自动防疫系统包括控制器、输出电压线、绝缘子、电极线。

（B）基本参数

表 3-15 基本参数

型号	功率/W	总功耗/kWh/d	输出电压/kV	粉尘净化率/%	空气脱菌效率/%	建议使用面积/m^2	安装高度/m
660	80	0.68	50	75～99.9	65～94.3	350～500	2.0
60	4	0.05	42	75～99.9	65～90	60	2.0

C. 试验概况

试验场位于天津市西青区南河镇阎庄肉鸡养殖场。养殖场共有 4 栋鸡舍，分别为 1 号鸡舍、2 号鸡舍、3 号鸡舍、4 号鸡舍，其规格是占地为 11 m×80 m 的笼养肉鸡鸡舍，各鸡舍的生产条件相同。选择 1 号鸡舍，在鸡笼上方安装 2 组 3DDF-660 型畜禽舍空气电净化自动防疫系统，在粪道安装 4 组 3DDF-60 型畜禽舍空气电净化自动防疫系统。

试验人员在 2006 年 1 月 8 日至 2006 年 2 月 23 日（一个生长周期）期间对 1 号鸡舍和 3 号鸡舍进行对比试验。在 2 栋鸡舍肉鸡存栏数量相同的情况下，对 2 栋鸡舍肉鸡的存栏数量、死亡数量、出栏数量、用料重量、出栏总重量、平均重量、料肉比进行了监测。

D. 试验结果及分析

（A）试验结果

试验结果详见表 3-16。时间：2006 年 1 月 8 日至 2006 年 2 月 23 日（一个生长周期）。

（B）试验结果分析

1 号鸡舍与 3 号鸡舍相比，死亡率下降 33%；鸡平均重量增加 4%；料肉比下降 7%。

表 3-16　试验结果对比表

鸡舍	存栏数量/只	死亡数量/只	死亡率/%	出栏数量/只	用料重量/kg	出栏总重量/kg	平均重量/kg	料肉比/kg/1 kg
1 号	4 200	178	4	4 022	22 800	10 960	2.725	2.080
3 号	4 200	256	6	3 944	23 005	10 353	2.625	2.222

注：饲料价格（平均价）2 435 元/t；肉鸡价格 2.74 元/kg。

（C）经济效益分析

按当年市场行情测算，一个生长周期内，1 号鸡舍比 3 号鸡舍增加效益：2 107 元。其中，

鸡肉增收：（10 960 kg－10 353 kg）×2.74 元＝1 663 元；

饲料节支：（23 005 kg－22 800 kg）×2.435 元/ kg＝499 元；

耗电费用：0.45 元×（0.68×2＋0.05×4）×45 d＝55 元；

增加效益：1 663 元＋499 元－55 元＝2 107 元。

年增加效益（每年出 5 栏计算）：7 955 元。其中，

增加效益：2 107 元×5＝10 535 元；

折旧费用：2 200 元＋380 元＝2 580 元；

年增加效益：10 535 元－2 580 元＝7 955 元。

E. 存在问题及改进意见

存在问题：绝缘子受潮氧化以至损坏。

改进意见：做好绝缘子防潮、防水。

F. 结论

本试验证明，畜禽舍空气电净化自动防疫系统能有效抑制有害病菌的传播，提高畜禽舍内的空气质量，使畜禽在更加安全的环境中生长，从而推进绿色、环保型养殖产业化进程。

④辽宁省大连市华桥种猪场

2005 年 1 月，辽宁省大连市华桥种猪场在猪舍内安装了空间电场自动防病防疫系统，经过半年多的使用，收到了很好的效果。

a. 安装后猪舍里的灰尘大都附着在墙和其他物体上，整个猪舍内空间不再有灰尘弥漫，变得透亮了。

b. 气喘病是猪的常见病，过去每年冬天技术人员要领一大堆药品给猪扎针，防治气喘病，每年都有不少猪死于气喘病。今年猪的气喘病几乎没发作，其他气传病发病率也很低，仔猪的成活率提高了 10%以上，治疗气喘病的药物几乎没用。

c. 以前一进入猪舍内，臭气和刺激性气味非常大，非常难闻，让人喘不过气来。自从安装了空间电场，猪舍内的臭气和刺激性气味明显地有了大幅度的下降，几乎达到了无臭无味的程度，改善了工作人员的工作环境和猪的生存环境。

d. 该系统耗电量很小，每天耗电量不到 1 度，使用费用低。可自动循环工作，平常不需要人维护，应用半年多没出现任何故障，安全可靠，使用方便。

3. 等离子种子处理技术

（1）等离子技术概念

1929 年科学家第一次引入“等离子体”这个名称，等离子体成为一门学科。由于等离子体科学发展较晚，因此应用范围不大。近年来，等离子体科学的研究得到了快速发展，目前主要用于航天实验、军事国防、金属切割、材料表面镀膜、电子工业、核聚变能源研究等领域。

等离子体技术在农业上的应用才刚刚开始，它开辟了等离子体应用的一个新领域，也为农业增产开辟了新的途径。

等离子体是物质的一种状态，是指物质原子内的电子在高温下脱离原子核的吸引，使物质以正负带电粒子状态存在。

根据物质的状态可以把物质分为三大类，即固体、液体和气体。例如，钢铁是固体，水是液体，而氧气则是气体。任何一种物质，在一定条件下都能在这三种状态之间转变。

以水为例，在 1 个标准大气压下，当温度降到 0℃以下时，水就开始变成冰；而当温度升到 100℃时，水就会沸腾而变成水蒸气。

如果温度不断升高，那么气体又会怎样变化呢？这时，构成分子的原子发生分裂，形成为独立的原子。例如，氮分子（N_2）就会分裂成两个氮原子（N）。我们称这一过程为气体分子的离解。

如果再进一步升高温度，原子中的电子就会从原子中剥离出来，成为带正电荷的原子核（称为离子）和带负电荷的电子。这个过程称为原子的电离。当这种电离过程频繁发生，使电子和离子的浓度达到一定的数值时，物质的状态就会发生根本的变化，它的性质也就变得与气体完全不同了。为了区别于固体、液体和气体这三种状态，我们称物质的这种状态为物质的第四态，又名“等离子体”。

由于存在自由电子，因此等离子体也是导体。等离子体可以发光，可以产生电场、磁场和电磁波等物理能量。

等离子体可分为两种：高温等离子体和低温等离子体。现在低温等离子体已在多个生产领域应用。例如，等离子体电视，婴儿尿布表面防水涂层，增加啤酒瓶阻隔性。更重要的是，在电脑芯片中的蚀刻应用让网络时代成为现实。

等离子体技术已经应用到工业、农业、医疗、环保、军事、宇航、能源、天体研究等多个领域。例如，在医疗行业，美国杰西低温等离子消融术通过导电介质（盐）在电极周围形成的等离子体区内高度离子化了的粒子来粉碎组织内的有机分子的分子链，使分子与分子分离，定点消融，组织体积缩小。由于电流不直接流经组织，因此组织发热极少。数据显示，表面组织温度保持在 40～70℃。这既确保了胶原蛋白分子螺旋结构皱缩，又保持了细胞的活力，加之热渗透小，所以，无论是直接的组织损伤，还是间接的组织损伤，都非常小。另外，低温等离子体手术系统近年来在国内外耳鼻咽喉科领域已经广泛应用，临床效果非常好。

另一个重要应用是，在一定的条件下，一些特殊的化学元素可以形成一个宏观温度并不高，但电子温度可达到摄氏几万度的低温等离子体。这时，物质间会发生特殊的化学反应，因此可用来研制新的材料。例如，在钻头等工具上涂上一层薄薄的氮化钛来提高工具的强度；制造太阳能电池；在飞机的表面上涂一层专门吸收雷达波的材料来躲避雷达的跟踪（即隐形飞机）。这些被称为等离子体薄膜技术。

（2）等离子体技术在农业生产中的应用

在航天育种的启示下，大连博事等离子体有限公司 1999 年研制出等离子体种子处理机。2000 年，吉林省农业科学院分别在具有不同农业生态特点的东部湿润冷凉区、西部半干旱区、中部平原区进行了农业种植试验和示范。

经过科学工作者的艰苦努力，一项复杂的技术变成了能够走进农户，适应农村生产条件的应用技术。9 年试验结果证明，等离子体种子处理技术对多种农作物具有显著效果，在增产的同时还改善品质。由于采用的是物理方法，因此无任何化学物质残留及污染，大大保护了环境。

等离子体种子处理机操作简单，技术容易掌握。种子处理机运行成本低，技术可靠，深受广大用户和农民欢迎。此项技术是一种平台技术，有望成为我国农业增产的重要技术手段。

从 2004 年到 2007 年，在吉林省“省长基金”的支持下，吉林省农委安排在省内 41 个市县进行大面积试验示范，省农机局、省农机推广总站、省种子管理站组织实施。2007 年，省农委组织有关专家论证，上报省政府批准，写入吉林省委省政府一号文件，列入吉林省五项重大粮食增产技术之一，并享受中央和地方财政农机补贴。

①等离子体种子处理技术基本原理

等离子体种子处理机是受航天育种的启示而研制的，它运用等离子体激活种子。种子处理机上部安装了等离子体发生装置，下部安装了交变电感装置。机器中形成了光、电、磁的等离子体环境。

等离子体发生器安装在机器上部的等离子体照射室内，通电后产生等离子体。等离子体发出强紫外光和能量击开空气中的氧分子，重新组成臭氧，杀死种子表皮的细菌，激发种子的活力。照射室内还设有种子自动分散装置和自动翻转装置，种子通过时在照射室内自动散开并不断地翻转，均匀接受等离子体发出的能量。由于等离子体发出的能量较低，作用的时间很短，因此种子不会发生变异，农作物性状不会发生变化。

照射室下部安装了由多组电感组成的感应腔。这种感应在感应强度上具有不均匀特性，体现纵向、横向、方向、速度的物质不均匀性。种子通过处理机的运动方式为自由落体运动，种子通过机器中的每个时段的速度都在变化中，种子受到的感应强度和得到的能量因时间空间的变化而不同，对种子有作用的最大感应能量被种子吸收。

这种作用是低强度和短时间的，处理时间在 0.45 s 以内。这种短时间的低强度变化的照射激活了种子的活力，种皮的通透性增强，离子交换能力提高，酶的转化加快，可溶性糖和可溶性蛋白增加。因此，种子的发芽势、发芽率明显提高；农作物根系发达，苗期提前；长势旺盛，抗旱抗病；作物早熟，产量提高，品质改善。

②等离子体种子处理技术的增产机制

等离子体种子处理技术是一项农业物理技术。它是在农作物播种前 5～12 d 用等离子体种子处理机对种子进行处理，使农作物增产的高新技术。种子播种方法与常规方法相同。

等离子体种子处理技术的增产原因就是等离子体提高了种子的活力。种子活力是种子生命过程中十分重要的特性之一，是种子优劣的重要标志，也是种子使用价值的主要组成部分。

20 世纪 80 年代，我国引进了“种子活力”这一名词，“种子活力”逐渐被人们注意起来。

1877 年，种子学创始者德国人 Nobbe 发现，同一批种子，其发芽和幼苗生长速率有差异。他为这一现象取名为“生长力”或“推动力”。但是，当时并没有受到人们的重视。直到 1950 年的国际种子协会的会议，“生长力”才引起人们的兴趣。

1977 年，国际种子检验协会代表大会通过了种子活力的定义：“种子活力是决定种子和种子批在发芽和出苗期间的活性强度和那些种子特性的综合表现。表现良好的为高活力种子，表现差的种子为低活力种子。”

1980年，官方种子分析家协会（北美）给种子活力的定义为："种子活力是指在广泛的田间条件下，决定种子迅速整齐出苗和长成正常幼苗的潜在能力的总称。"

1980年，我国学者郑光华提出，种子的活力就是种子的健壮度。健壮的种子（高活力种子）发芽、出苗迅速而且整齐，对不良环境抵抗能力强；健壮度差的种子（低活力种子）在适宜条件下虽然发芽，但发芽缓慢，在不良环境条件下出苗不整齐，甚至不出苗。

实践证明，不同作物种子及同一作物不同品种，种子活力存在着差异，种子活力的差异影响作物的发芽、出苗、生长和作物的产量。人们知道，种子品种之间优劣差异很大，对同品种种子存在的差异往往归结为种子纯度和质量的差异。其实，同品种种子质量差异的原因就是种子活力的差异。质量好的种子往往是活力高的种子，质量差的种子往往是活力低的种子。

人们在种子保管过程中，注意到了保持种子质量、避免种子活力下降的问题，并采取了相应的措施。但是，没有人对种子活力提高，特别是对原本活力并没有降低的种子再提高活力进行全面系统地研究，也没有人完整系统地提出全面提高种子活力的技术方法。

而等离子体种子处理技术正是一种提高种子活力的技术。经过处理的种子活力得到提升，这一技术不仅能使活力降低的种子提高活力，而且能使原本活力并没有降低的种子再提高活力。这是等离子体种子处理技术的技术特点，也是等离子体种子处理技术所做出的贡献。

等离子体种子处理技术为人们树立起通过提高种子活力促进农业增产的技术概念，并提供了利用等离子体处理种子提高种子活力增加产量的完整技术体系。

等离子体种子处理技术的机制是等离子体发出的各种能量作用于种子，激发种子的潜能、提高种子的活力、增强种子的健壮度，作物生长能力得到提升。经过处理的种子更加健壮，提高种子批的整体品质，种子个体之间的差异缩小，特别是幼苗的整齐度明显提高。

试验结果表明，种子的发芽势、发芽率明显提高，种子经过等离子体处理后，种子内部的活力增强，促使发芽势、发芽率提高。陈种子和发芽率低、纯度不高的品种更加明显。试验表明，玉米发芽率提高 1%～5%，大豆提高 5%左右，水稻提高 4%～8%。

③等离子体种子处理技术对农作物的影响

等离子体种子处理技术能够激发种子活力，提高发芽势、发芽率，加速根系发育，增强抗旱能力，促进生长，减轻病害，增加产量，改善品质。

A. *激发种子的活力*

经过处理的种子，其发芽势、发芽率明显提高。山西省农业科学院旱地农业研究中心对放置数年的玉米、小麦、南瓜、架豆、红小豆、青茎蓝等 6 种作物的陈种子进行了发芽试验，试验结果见表 3-17。

表 3-17 山西省农业科学院试验结果

作物	玉米	小麦	南瓜	架豆	红小豆	青茎蓝
发芽势/%	24.3	65.5	61.7	27.7		30.0
比对照/+	10.1	16.6	35.0	16.7		18.9
增幅/%	71.1	33.9	131.1	151.8		170.3

续

作物	玉米	小麦	南瓜	架豆	红小豆	青茎蓝
发芽率/%	29.0	65.5	73.3	75.3	95.6	32.0
比对照/+	10.0	7.7	20.0	13.3	10.0	6.6
增幅/%	52.6	13.3	37.5	21.5	11.7	25.8

B. 出苗整齐、苗期提前

吉林省农业科学院在白城、桦甸、公主岭、蛟河等地区对小麦、玉米、香瓜、烟叶、水稻、大豆、蔬菜等作物进行等离子体种子处理技术处理种子并播种的试验，结果，出苗时间普遍提前1～2 d。

表 3-18　吉林省农业科学院蔬菜出苗结果

	出苗/d	对照/d	提前/d	出苗率/%	对照/%	提高/%
番茄	9	16	7	62.6	19.2	226
茄子	12	17	5	45.6	27.7	64.5
青椒	14	16	2	45.0	33.5	34.0
尖椒	12	18	6	35.0	20.7	69.1

C. 促进作物生长发育及繁育

等离子体处理种子的作物出苗整齐，苗期提前 1～2 d，根系发达，幼苗生长发育优势明显。玉米拔节期之前处理的，株高均高于对照；在抽雄至吐丝期处理的，茎粗均高于对照。作物提前进入繁殖生长期，玉米和大豆的繁殖生长期株高有所降低，玉米在开花期和灌浆成熟期处理植株的株高明显低于对照，株高平均降低 3.0～5.5 cm，而玉米产量随株高增加而降低。大豆在鼓粒成熟期的株高低于对照。水稻分蘖提前 2～3 d，分蘖增加 3～5 个。

D. **作物的叶面积增大，比叶重提高**

在生育期内，玉米叶面积增加。经过处理的作物比对照提前 1～2 d 达到最大叶面积，同位叶单个叶面积增加，叶面积的增加间接地提高了叶片的光合能力，从而增加了干物质的积累。等离子体处理种子使作物比叶重提高，玉米灌浆期比叶重比对照提高 0.9～1.1 g/cm^2，此时正是玉米扩库增产的关键时期。等离子体处理种子使大豆从结荚期到成熟期植株的比叶重均高于对照植株，鼓粒期的比叶重则显著高于对照。

E. **作物叶绿素含量增加**

经过处理的玉米其叶绿素含量在灌浆期明显高于对照，叶绿素含量比对照增加 28.23%～31.4%，玉米叶绿素含量平均增加 15.07%～30.8%。经过处理的大豆其生育期叶绿素含量从苗期到结荚期缓慢增长，而从结荚期到鼓粒期，其叶绿素含量急剧增长达到一个最高值，尤其在大豆的鼓粒期，其叶绿素含量比对照高 0.79 mg/g，经过处理的大豆的叶绿素含量平均比对照增加 11.28%～21.02%。叶绿素的增加增强了光合作用的能力。

F. **光合速率提高**

等离子体处理的玉米其光合速率明显提高，比对照提高 31.1%。大豆生育期的光合速率从苗期到鼓粒期逐渐增加，并达到最高值，光合速率在生育期内明显高于对照，在鼓粒期，光合速率比对照增加 10.6%～34.1%。作物光合速率的日变化具有一定的影响，光合速率在一天中都明显高于对照，尤其在上午 10:00 左右，光合速率高出对照 4.7 $\mu mol/m^2 \cdot s$。大豆光合速率的日变化也明显高于对照。

G. 蒸腾速率明显增加

处理的玉米其蒸腾速率在拔节期以后均大于对照，在抽穗期和灌浆期的蒸腾速率比对照增加 10.56%～16.48%。处理的大豆其植株的蒸腾速率在生育期内都明显高于对照，在开花期和鼓粒期，处理植株的蒸腾速率是对照的 1.21～1.16 倍。玉米、大豆的气孔导度增加，蒸腾速率的增加增强了作物的代谢功能，从而促进了作物的生长发育。

H. 可溶性糖和可溶性蛋白质含量明显提高

玉米从苗期到拔节期，从拔节期到灌浆末期，处理的玉米可溶性糖含量均高于对照。尤其是在抽穗期到灌浆期，处理植株可溶性糖含量比对照植株高 11.2%～17.5%。大豆从开花期到成熟期，处理植株的可溶性糖含量均高于对照，尤其在鼓粒期，可溶性糖含量比对照高 35.49%。

玉米从抽穗期到灌浆期，处理植株的可溶性蛋白质含量明显高于对照，比对照高 27.3%～36.2%，处理植株比对照平均高 11.11%～36.2%。大豆生育期内的可溶性蛋白质含量均明显高于对照，处理比对照高 18.4%～38.8%。

I. 农作物有较高的耐旱、耐低温能力，病害轻

山西省农业科学院旱地农业研究中心对耐旱性较强的小麦晋麦 47 和耐旱性较差的晋麦 66 种子进行了水分胁迫试验(20%PEG)，发芽势和发芽率情况详见表 3-19。

表 3-19　发芽势、发芽率效果

品种	发芽势/%	对照	增幅/%	发芽率/%	对照	增幅/%
晋麦 47	44.0	17.4	152.9	83.4	62.6	33.2
晋麦 66	18.0	8.6	109.3	48.6	31.4	54.8

对小麦 M-24 种子加大水分胁迫程度，在 25%PEG 的条件下进行发芽试验，发芽情况详见表 3-20。

表 3-20　发芽试验效果

	处理	对照	对照（K^+）	增加/%
发芽率/%	72.3	51.1	21.2	41.5
芽长/cm	1.1	0.4	0.7	175.0
根数/条	2.8	2.5	0.3	12.0
根长/cm	2.1	1.0	1.1	110.0

山西省农业科学院旱地农业研究中心对小麦进行 100 d 旱棚试验，处理比对照根系发达、长势旺盛、分蘖增加。

表 3-21　根系对比试验效果

	株高/cm	分蘖/个	总叶数/片	初生根/条	次生根/条	地上干重/mg/株	膜透性/%
处理	42.9	4.0	7.9	6.1	17.2	1 426.4	10.7
对照	36.4	1.9	6.4	6.1	10.3	467.6	11.3
增幅/%	17.8	110.5	23.4	0.0	67.0	250.0	−5.6

经过处理的小麦，其黑穗病、白菜霜霉病明显减轻。试验证明，经过种子处理的农作物在生长过程中对逆境条件的胁迫能够做出对作物生长有利的积极反映。

J. 提高作物的肥料效应

玉米的肥料利用率比对照提高 15.7 个百分点。处理提高了植株的肥料利用率，增加植株的干物重，最终提高玉米的产量。

大豆处理的肥料利用率均高于对照，大豆肥料利用率平均增加 13.9 个百分点。大豆封垄期处理的干物重提高，有助于提高肥料利用率，最终提高大豆的产量。

作物种子经过等离子体处理后，幼苗的POD活力提高，脯氨酸含量和可溶性糖含量增加，幼苗生长能力增强；在光合能力方面，由于作物的光合面积、叶绿素含量增加，因此光合能力增强，导致光合产物增加。光合产物的增加，使叶片物质积累，产物输出增加，最终作物产量增加。

K. **增加果实、提高产量**

大豆平均株荚数比对照增幅 24.2%，玉米平均穗粒比对照增幅 10.08%，花生粒数增加高达 30%以上。经过种子处理的农作物产量明显提高。结果如表 3-22、表 3-23、表 3-24 和表 3-25 所示。

表 3-22 吉林省东部地区桦甸市试验结果汇总表

品种	玉米 四蜜25	玉米 吉单505	水稻 吉优1	大豆 吉原3	大豆 吉育45	花生 四粒红	香瓜 顶心红
产量/kg/h	9 750	10 300	5 565	4 000	3 500	2 001	25 380
增产幅度/%	9.5	16.4	12.8	31.1	32	31.4	37.6

表 3-23 吉林省中部地区公主岭市试验结果汇总表

品种	玉米四蜜25	大豆绥农14	水稻吉优32	水稻吉优4
产量/kg/h	1 005	2 831	8 350	8 550
增产幅度/%	17.1	8.6	12.1	12.5

表 3-24 吉林省西部地区洮南市试验结果汇总表

品种	玉米吉单108	玉米中单2
产量/kg/h	5 835	8 069
增产幅度/%	16.5	25.1

表 3-25　吉林省玉米、水稻、大豆示范结果

示范地点	作物	对照/kg/h	处理产量/kg/h	比对照+%
桦甸市桦郊乡	玉米陕单911	12 150	13 350	9.9
	大豆吉丰1号	3 900	4 400	12.8
中部南崴子	水稻吉优32	7 000	7 900	12.9

L. 促进早熟，改善品质

花生、香瓜、豆角早上市 5 d，水稻、大豆、玉米早熟 1～5 d。品质结果如表 3-26、表 3-27 和表 3-28 所示。

表 3-26　山西省农业科学院试验小麦晋麦 47 蛋白质（%）

试验品种	对照	处理	比对照+%
旱地小麦	12.62	14.47	14.66
水浇小麦	12.35	12.48	1.05

表 3-27　山西省农业科学院试验油葵运葵 1 号粗脂肪（%）

品种	处理	对照	比对照+%
油葵	54.11	53.48	1.2

表 3-28　吉林省农业科学院试验结果

品种	高蛋白大豆	水稻蛋白	香瓜糖度	甜菜糖度	烟叶尼古丁
提高	蛋白 2%	10.86%	1.2 度	2.1 度	22.6%

经农业部谷物检测中心检测，水稻 13 项指标不同程度提高，食味评价由对照的 78 分提高到 84 分。

4. 土壤连作障碍电处理技术

（1）土壤连作障碍的概念和特点

化学农业是以化肥和农药的应用为主要特征的，它极大地提

高了农作物的产量，在解决粮食供应问题上对人类社会做出了巨大的贡献，并将继续发挥重要作用。然而，长期过量的使用化肥和农药，造成地力衰退，环境污染，农作物品质下降，甚至危害人体健康，严重影响到农业的可持续发展。

随着生活水平的不断提高，人们对食品的安全性意识不断增强，人们对绿色、无害化蔬菜的需求和保护生态环境的意识日益增加。当前，世界农业正处于一个由传统的化学农业向生态农业过渡的时期，实现这一转型的主要途径有两条，即生物工程和现代物理农业。

近年来，国内温室及其配套设备日趋完备，温室植物产品已进入稳定化生产阶段。温室蔬菜、花卉、经济树木等植物产品的生产者因市场的需要和土地的限制而欲进行高价值产品的连续化生产，然而，轮作期限的缩短、连作、适宜土传病害发生的生态环境的持续存在、抗病品种的缺乏等因素导致了土传病害的传播、流行，以及新的土传病害的发生，最终不能获得理想的收获。

连作障碍是指同一种或同一类作物连年种植导致土壤营养失衡，病虫危害加重，蔬菜产量和品质明显下降的现象。连作障碍在蔬菜种植基地最为普遍。连作障碍不仅发生于同一种蔬菜的连年种植，而且还发生于亲缘关系较近的同科作物的连年种植。例如，辣椒、茄子、番茄等茄科作物连年种植，白菜、萝卜、油菜等十字花科蔬菜的连年种植等等。

土壤连作障碍是世界性难题，各国均有发生。在荷兰、挪威、以色列等设施栽培面积大的国家，问题比较突出。但发达国家可以采取国家补贴等形式实行休耕，或采取现代科技手段加以防治。而我国人多地少，劳动力科学和文化素质不高，种植手段和方式落后，相当一部分劳动者对连作障碍缺乏认识，因此连作障碍的防治相当困难。我国种植的商品蔬菜种植比较集中，因此都不同程度地受到连作障碍的危害，部分地区甚至绝收。

①土壤连作障碍的主要表现

A. 土壤化学性质恶化

连年采取同一农艺措施，施用同一化肥，尤其是浅耕、土表施肥、淋融不充分等情况，就会导致土壤结构破坏、土壤肥力衰退、土表盐分积累；另一方面，同一种蔬菜的根系分布范围及深浅一致，吸收的养分相同，极易导致某种养分因长期消耗而缺乏。例如，缺钾、缺钙、缺镁、缺硼的现象均有出现。此外，在大棚栽培的特定条件下，土壤酸化严重，作物的正常生长受到影响，作物的品质下降。

B. 病虫危害严重

反复种植同类蔬菜作物，土壤和蔬菜的关系相对稳定，这使得相同病原微生物和害虫大量聚集，尤其是土传病害和地下害虫。例如，茄子的黄萎病、褐纹病、绵疫病；番茄的早疫病、晚疫病、白绢病、青枯病、病毒病；椒类的炭疽病、病毒病；黄瓜的枯萎病；大白菜的软腐病、根肿病，以及土栖害虫如线虫、根蛆等。

C. 土壤生态变差

由于植物根系向土壤中分泌对自身生长有害的有毒物质，这些有毒物质的积累将导致“自毒”作用被强化，从而影响作物的正常生长。另一方面，土壤酶活性变化，土壤有益菌生长受到抑制，不利于植物生长的微生物数量增加，将导致土壤微生物菌群失衡，土壤生态变差。

②连作障碍给蔬菜生产带来的弊端

a. 土壤有害微生物浓度过高，土传病害严重。

b. 微小害虫与根结线虫病发病严重。

c. 同一种作物的根系分布范围和深浅一致，吸收肥力相同，造成某种游离态营养元素匮乏。

d. 根系分泌的有机酸及有毒物质不易清除，造成作物的根系生长不良。

e. 土壤 pH 发生较大改变。例如，马铃薯会使土壤 pH 下降，玉米、南瓜会使土壤 pH 上升。

上述弊端将使蔬菜生育不良，甚至严重减产，品质下降。

（2）治理土壤连作障碍常用的处理方法及其局限性

对土传病害的防治，虽然一些化学药剂有着一定效果，但药物残留问题相当严重。如果按国外的一些食品安全标准衡量，那么我国一些土传病害严重的地区生产的果菜堪称毒果。更应警惕的是，一些国外禁用的或者处于安全测试阶段的杀虫剂也在一些地区滥用。这些药剂杀虫效果虽立竿见影，但毒性高、残留高，收获的毒果对不知情的消费者的身体健康就会构成严重危害。

面对土传病害带来的经济和安全问题，不会带来食品安全隐患又具有较高防治效果的物理防治技术则是当前温室土传病害防控技术研究和应用的重要内容。

防治蔬菜连作障碍的方法很多，涉及到种子、苗木、嫁接技术、轮作倒茬等项，其中，最重要的是土壤消毒技术。土壤消毒的方法很多，主要分为石灰消毒法、高温消毒法、热水消毒法、太阳能消毒法、药物消毒法几种。此外，还有火焰消毒技术、蒸汽消毒技术和生物熏蒸技术等。

①石灰消毒法

选择6～8月天气最热的时间，将前茬的遗留物清光，按750～1 500 kg/hm^{2}的标准施用生石灰，并在垄沟内铺满稻草、麦草、玉米秸等15 000～30 000 kg，破垄将石灰和稻草用旋耕机或犁杖深翻，埋在地下即可，一般埋的深度为30～40 cm，最好深翻两遍。秸秆尽量短一些，翻耕后要压实，并用无破损旧膜将土壤表面完全覆盖，防土壤水分散失和温度降低。从薄膜下灌水，以畦面充分湿润为止，避免积水。

②高温消毒法

温室可完全封闭，要求20 cm土层内温度达到40℃维持7 d，或37℃维持20 d，可有效杀灭土壤中细菌、根结线虫等有害生物。消毒完成后翻耕（深度以30～40 cm为宜，以防土壤深层的生物被翻到地表），晾晒3～5 d后方可播种或定植。

③光辐射消毒法

使用反光板，利用光的辐射进行消毒的方法。利用光辐射对土壤消毒就是利用紫外线消毒，紫外线的来源是阳光。将配置好的培养土铺开，在阳光下暴晒3 d左右。为了提高紫外线的强度，通常采用反光板。将铝箔板迎着阳光斜对地面，反光板就可以利用铝箔光反射作用，将铝箔接受的太阳光线通过反射作用照射到地面上，从而提高土壤的温度。利用反光板可以使土壤的地表温度达到50℃，地下20 cm的温度可以达到15～20℃，这样就可以消灭大量病菌、害虫（卵）。

④热水消毒法

土壤热水消毒是利用高温热水消毒机产生的高温热水对土壤进行消毒的方法。高温热水消毒机采用高精度传感器控制热水温度，采用循环泵使水温均匀。它分为燃煤式土壤热水消毒机、热水输送系统、热水分配器及注水滴灌系统等三部分。

这种技术采用耐高温水管将 92℃以上高温热水输送到需要消毒温室的栽培基质槽或栽培畦，可将 20 cm 的土壤温度在 2 h 左右升至 50℃以上，50℃以上可持续 1～2 h，45℃以上持续时间可达 3.5 h，而 30 cm 深的土壤温度可达 33℃左右。经过处理前后的观测比较可发现，经高温热水消毒处理后，土壤中大量存在的根结线虫基本上可被杀灭。

⑤药剂消毒法

药剂消毒法是利用各种化学药剂或生物药剂通过喷淋、浇灌、拌土、熏蒸法等手段对土壤进行消毒的方法。这一方法使用的药物主要是甲醛、代森铵、氯化苦、溴甲烷、田除、线净、菌线威等杀虫剂和杀菌剂。药剂消毒法按具体操作不同分为喷淋或浇灌法、毒土法和熏蒸法三种。

A. 喷淋或浇灌法

将药剂用清水稀释成一定浓度，用喷雾器喷淋于土壤表层，或直接灌到土壤中，使药液渗入土壤深层，杀死土中病原菌。喷淋施药对土壤消毒适用于大田、育苗营养土、温室栽培等。

喷淋法使用的农药主要是甲醛、代森铵、波尔多液等。甲醛对防治黑斑病、灰霉病、锈病、褐斑病、炭疽病等效果较明显。代森铵可防治花卉的黑斑病、霜霉病、白粉病、立枯病，还能有效地防治球根类作物的多种病害。波尔多液对防治黑斑病、灰霉病、锈病、褐斑病、炭疽病等效果较明显。菌线威（1.5%二硫氰基甲烷）是新型高效广谱杀菌杀线虫剂，对蔬菜苗期猝倒病、立枯病、腐霉病，以及黄瓜、番茄、茄子、青椒的青枯病等有特效。

B. 毒土法

毒土法就是将药剂配成毒土，然后施用。毒土的配制方法是将农药（乳油或可湿性粉剂）与具有一定湿度的细土按比例混匀。毒土的施用方法有沟施、穴施和撒施三种。

毒土法可以起到土壤消毒的作用，也可以起到杀虫、灭草的作用。在稻田、菜田、果园都可以使用，但药剂的选择需因地制宜、因作物而异。

C. 熏蒸法

熏蒸法就是利用土壤注射器或土壤消毒机将熏蒸剂注入土壤中，于土壤表面盖上薄膜等覆盖物，在密闭或半密闭的设施中使熏蒸剂的有毒气体在土壤中扩散，从而杀死病原菌。只有待药剂充分散发才能播种，否则，容易产生药害。

在实践中，上述方法都起到了一定的作用，但是也存在一定的弊端，例如投入大、时间长、存在残毒隐患等。

（3）土壤连作障碍电处理技术

近年来，天津市和辽宁省大连市农机推广站在应用和推广土壤消毒电处理技术方面取得了丰硕的成果。由有关单位开发研制的系列土壤消毒电处理技术产品在生产中大面积应用，取得了良好效果，其思路是改“以药治病”为“物理治病”，将现代物理农业工程高新技术应用在种植业和养殖业生产中，以减少化学药物对农产品的污染，推动农产品绿色、无公害生产，发展绿色、环保、节能型的生态农业。

土壤消毒电处理技术具有降低能量消耗、改善环境质量和改善农产品品质等优点，具有广阔的发展前景。

将土壤连作障碍电处理设备在设施农业种植园区推广应用，对于农业领域采用高新技术，推广农业实用性设备，治理农业病虫害，维护食品安全，保护生态环境，推动旅游业发展具有重要作用。

①土壤连作障碍电处理技术原理及特点

土壤电处理技术依靠土壤溶液的电化学反应原理来杀灭土壤微生物、消解作物的自毒作用和改善土壤营养状况，同时改变土壤的团聚结构，促进土壤形成利于作物根系生长的土壤团粒环状分布，以及众多的水分横向输送管道和纵向的气体输送通道相交织的微细管路，从而促进作物形成发达的根系。

土壤连作障碍电处理装备是依据直流电流土壤相消毒原理、土壤微水分电处理原理、脉冲电解原理集成的土壤电化学消毒技术原理开发的一种多功能土壤消毒设备。

土壤连作障碍电处理技术原理如下：

a. 土壤在具有直流性质的脉冲电流作用下，离子发生移动，使负脉冲带 pH 增高从而中和根系分泌的有机酸，正脉冲带 H^+浓度增高，土壤溶液酸度增加，又可促进难溶矿物质养分的溶解、分解与转化，对土壤有很好的解毒效果。而电极附近的微生物会在脉冲电流和高酸高碱的作用下失活。

b. 由于土壤水分中含有含酚、氯化合物，因此，土壤电处理产生的气体中还含有大量酚类气体和原子氯气体，酚类气体和原子氯气体在土壤团粒缝隙逸散过程中可以有效杀灭引起土传病害的病原微生物。

c. 在土壤含水率较低时，流过土壤的直流电流、定向脉冲电流可以集流于土壤虫体表皮，从而迅速将害虫杀死。

d. 电极自身的电解剥离作用会产生许多可以消毒的铜、银、铁的金属离子，这些离子与土壤水形成絮状物，这些絮状微粒被吸附在微生物的表面，同时吞下金属离子的微生物改变了微生物与周边土壤水的化学平衡，为恢复平衡，这些絮状微粒释放出离子，从而形成对抗微生物的离子流。另一方面，杀菌效果还取决于银、铜、铁等金属离子对微生物的毒性强弱，通常银离子毒性最强，铜离子次之，铁离子第三。

土壤中的线虫、昆虫以及金属粒子都会成为电解反应源，生成的气体成分因土壤溶液化学成分的不同而有较大的差别，但通常为水和盐的电化学反应产物，比如氧气、氯气、氢气等。同时还有一些金属盐的氧化还原反应。而其中的活生物电解反应源会在短暂的电化学反应中死去，具有氧化性质的气体会在土壤中扩散，并在这一过程中杀死土壤微生物。参见图 3-12。

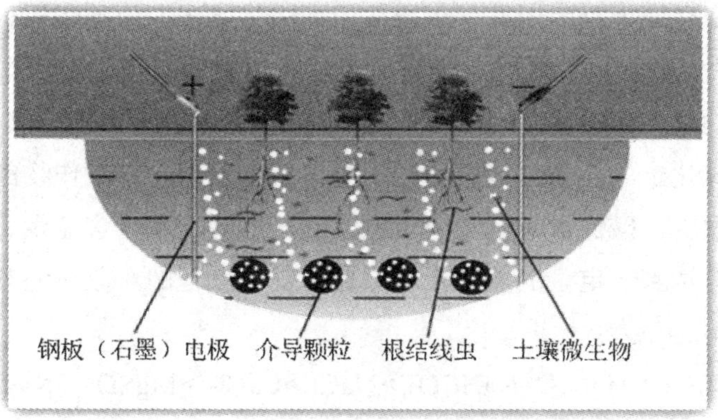

图 3-12　土壤连作障碍电处理技术原理

埋设于土壤表层的电极线在通以直流电后，可在土壤中产生剧烈的理化反应，其中会有大量的氯气、臭氧、酚类气体产生，这些气体在土壤团聚体间隙中的扩散就是灭菌消毒的过程。

另一方面，土壤团聚体以及土壤胶体结构和特性的剧烈改变、土壤氧化还原特性以及水环境的剧烈变化共同改变了土壤微生物的生活环境，进而导致微生物种群活性的巨大改变，最终消解重茬病症。

本技术适用于温室、大棚、露地土壤的病虫害，根系有害分泌物，土壤物理性缺素症等连作障碍的克服处理、土壤改良，特别是盐碱地的改良。

一般来讲，这种土壤电处理方式可导致土壤分散性降低，膨胀性减弱，土壤团聚体增加，结构疏松、孔隙增大，土壤渗透性和保水能力提高。

对盐化土、碱化土的处理，该机具依据的主要是土壤溶液的电解原理。在直流电流的作用下，引起土壤盐害、碱害的金属离子会在金属电极附近发生还原作用而成为原子，而碳酸根、氯离子会发生氧化作用而成为气体而从土壤中排出。随着电解的继续，土壤的钠化率将逐渐降低，即盐碱度减小。在盐土、碱土、盐化土、碱化土的盐渍环境中，盐类的溶解度愈大，它对作物的危害性就愈大。碱性愈大，毒害也愈大。一般情况下，含盐量、碱化度没有达到一定量的盐化土、碱化土是电处理的对象，通常盐类的毒害排序为：

$$Na_2CO_3 > MgCl_2 > NaHCO_3 > NaCl > CaCl_2 > MgSO_4 > Na_2SO_4$$

实践证明，当电流密度超过 0.5 mA/cm^2 时，盐碱土的电处理效果最好。

②土壤连作电处理技术装备

本装备适用于：农田土传病害、线虫、韭蛆等微小害虫病、根系有害分泌物、土壤物理性缺素症等连作障碍的克服处理；土壤改良，特别是盐碱地的改良；无毒优质蔬菜生产模式或环境安全型温室的土传病虫害的防治。参见图 3-13。

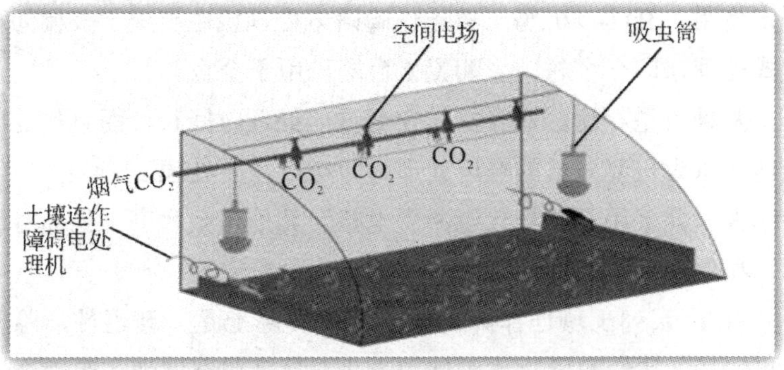

图 3-13　环境安全型温室的核心配置

产品型号：本系列机型包括 3DT-90 型土壤连作障碍电处理机、3DT-480 型土壤连作障碍电处理机两种机器。（型号示例：3DT-90 型土壤连作障碍电处理机。“3D”表示消毒机具；“T”表示土壤；“90”为最大输出正脉冲电压。）

3DT-90 型和 3DT-480 型土壤连作障碍电处理机标准配置是，每套设备均由主机（带有 2 个电极钳）、电极钢板 2 组，35 kg 介导颗粒以及专用的强化剂 30 kg 组成。实际使用中可采用 1 台主机控制 3～14 亩的总控方案。参见图 3-14。

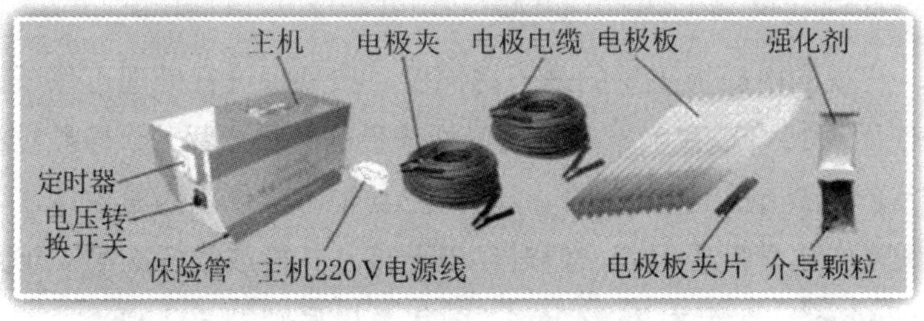

图 3-14　3DT 系列土壤连作障碍电处理机

3DT-90 型土壤连作障碍电处理机主要用于 1 亩地温室的常年固定使用；3DT-480 型土壤连作障碍电处理机主要用于多棚间移动式处理，即一个村、乡购置 1 台即可用于全乡。

两种机型相比，前者操作安全，但处理时间长，而且作业的最佳状态为日复一日的循环处理，即每日需要处理 2～4 h；后者功率大，并采用了脱极化电冲击电路，其处理效率高，处理时间短，显效快。

3DT 系列土壤连作障碍电处理机实际上是一套组件，除了主机以外，其他配置物均需埋入土中，主机和土壤埋入组件通过电缆夹相连，通电后即可按规程进行处理。其技术性能指标参见表 3-29。

表 3-29　3DT 系列土壤连作障碍电处理机技术性能指标

机型	输入电压/V	功率/kW	输出电压/V	电极板规格与数量：长×宽×高（mm）/块	介导颗粒/kg/亩	强化剂/kg/亩	工作方式
3DT-90	AC220±10	1.2	DC50/90	1000×250×2/12	35	30	自动循环/手动
3DT-480	AC220±10	7.0	脉冲120/480	1000×250×2/12	35	30	自动循环/手动

常规的电极板采用的是不锈钢板，按规程进行处理可保证钢板寿命到 10 年。我们推荐采用价格较贵的石墨电极。介导颗粒粒径为 8～35 mm，其使用寿命设计为 10 年。强化剂为粉粒体，可以增强电化学反应强度，但对环境无害，其投放量标准第一年为 450 kg/hm^2，次年为 75 kg/hm^2，三年及以后则为 30 kg/hm^2。

两种机型的安全保障方式：通过隔离变压器进行电网隔离。

③作业程序

A. 介导颗粒和强化剂的投放

（A）介导颗粒的撒施

在茬口闲地期间介导颗粒按 45 kg/hm^2 的投入量均匀埋入土壤表面以下 30 cm 处，建议按 5 粒/m^2 埋入。如图 3-15 所示。

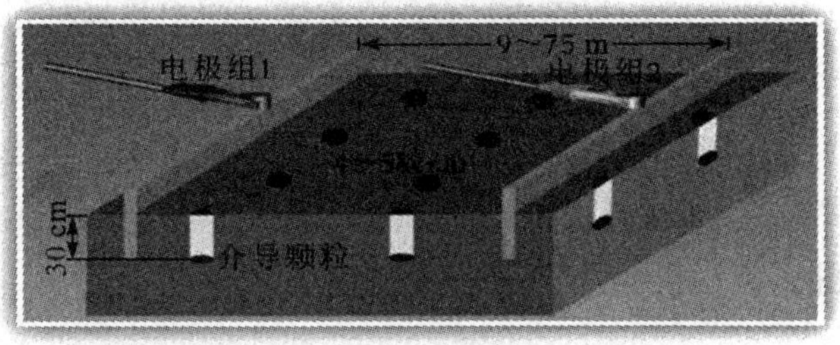

图 3-15　介导颗粒的埋入方法

介导颗粒埋入土壤后，其深度可保证不被旋耕机旋至土壤表面。介导颗粒一旦埋入后，10 年内不需再补充。

（B）强化剂的投放

在茬口闲地期间按 450 kg/hm^2 的投入量均匀撒布在土壤表面并漫水灌溉，或溶于水随水灌溉。电处理使用的强化剂对环境无任何污染问题，可显著提高土壤电处理的灭菌消毒效率。如图 3-16 所示。

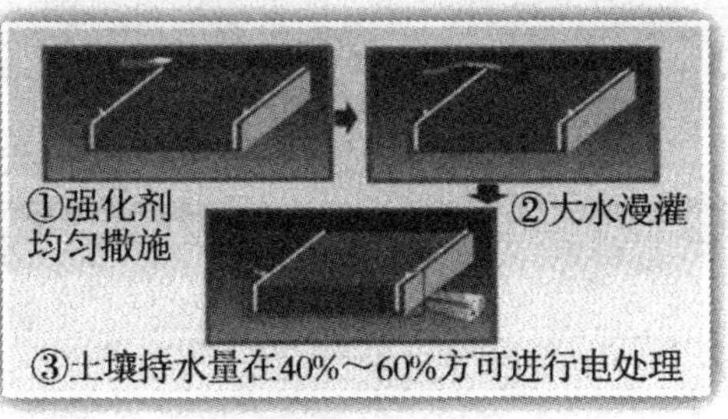

图 3-16　强化剂的投放与溶解和电处理的起始

对连作障碍严重的地块，其投放量标准第一年为450 kg/hm^2，次年为75 kg/hm^2，三年及以后则为30 kg/hm^2。对非严重的地块，其投放量标准第一年为300 kg/hm^2，次年为30 kg/hm^2，三年及以后则可不用。

B. **电极板铺设方法**

就1亩的标准配置而言，1亩地需要2组电极板，每组电极板为12块，两组为4块。将6块电极板用螺栓连接好，且每组电极板由1块接线片引出，然后将电极板埋入地下。就前述的两种机型来讲，埋入电极板之间的距离均为9～75 m。如表3-30、表3-31和图3-17、图3-18所示。

表3-30　3DT-90型土壤连作障碍电处理机的处理规程

裸地电处理		带秧电处理	
处理长度 L/m	持续处理时间/h	处理长度 L/m	日处理时间/h
50～75	8	≥45	2
20～50	6	20～45	1.5
9～20	3	9～20	0.75

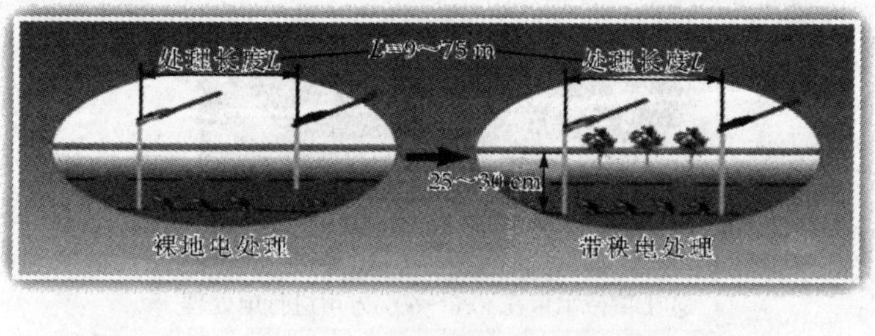

图3-17　3DT-90型土壤连作障碍电处理机的处理规程

表 3-31　3DT-480 型土壤连作障碍电处理机的处理规程

裸地电处理		带秧电处理	
处理长度 *L*/m	持续处理时间/h	处理长度 *L*/m	日处理时间/min
50～75	4	45～75	45
20～50	2	20～45	30
9～20	1	9～20	15

图 3-18　3DT-480 型土壤连作障碍电处理机的处理规程

C. 电处理程序

（A）育苗土

育苗土的处理对于生产无毒苗至关重要。育苗土的灭菌消毒和杀虫作业分为 90 型机、480 型机两种处理方式。其中，90 型机、480 型机的处理方式如图 3-19 所示，处理时可将定时器“拨动开关”拨至自动工作状态，并将表盘周边的定时拨片连续拨够所需的处理时间。

作业规程：

①强化剂投入量 450 kg/hm^2；

②介导颗粒投入量 525 kg/hm^2；

③480 型机处理 1.5～2.0 h；

④90 型机处理 5 h。

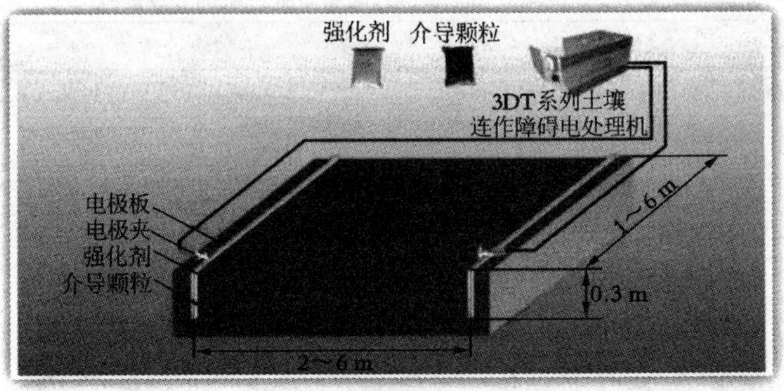

图 3-19　育苗土的 90 型机、480 型机处理方法

（B）植物生长全程处理程序

重茬 3 年以上空地的处理模式按照图 3-17、图 3-18 处理。土壤持水量在 30%～80%之间进行土传病害的电处理效果最好，即手握成团且有微量水分排出，松手后触碰不松散为最佳处理时机。

对于线虫发生严重的在秧地块，必须严格按照图 3-17、图 3-18 处理。必要的话，每天调整为早、晚两个时间段，每段时间作业时间仍保持图 3-17、图 3-18 中所示时间，这是由于线虫卵很难通过电处理杀死，必须待它孵化为幼虫时才可以杀灭。因此，必须采用短时间段间断处理方式进行处理。

（C）韭蛆等根际微小害虫的处理程序

韭蛆危害在北方地区韭菜田内相当普遍，且十分严重,一般农药极难防治这种害虫。一些菜农为片面追求韭蛆的杀灭效果，大量使用呋喃丹、3911、甲胺磷等高毒、高残留农药，甚至私造暗用一些早已禁用的剧毒农药（菜农私下称之为“黑药”），韭菜就此成为蔬菜中药残、毒性最大的蔬菜种类。这种毒韭菜严重侵害了广大人民的身体健康，因此，为了食品安全则必须采用电处理的方法。韭蛆的电处理方法参见表 3-32 和图 3-20。

表 3-32　带秧韭蛆的电处理规程

处理长度 L/m	90 型机处理时间/min	480 型机处理时间/min
2～10	45	15
10～45	无效	45
45～75	无效	75

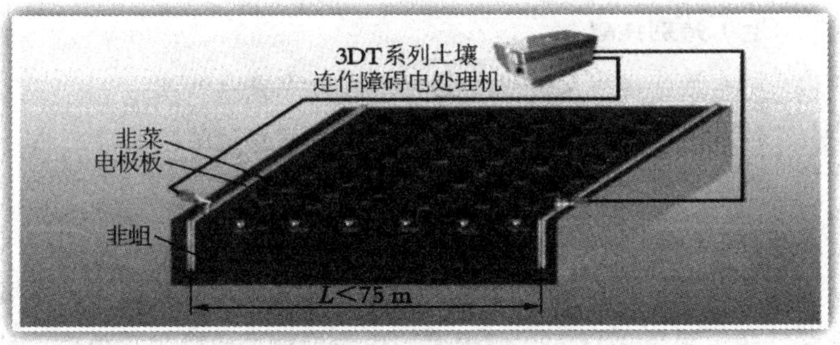

图 3-20　韭蛆的电处理方法

（D）地老虎、蝼蛄的处理

依靠农药灭杀这类害虫会造成严重的食品安全问题。这类大型害虫的处理只能依靠 3DT-480 型土壤连作障碍电处理机进行灭杀。灭杀方法参见表 3-33 和图 3-21。

表 3-33　灭杀地老虎、蝼蛄的电处理规程

处理长度 L/m	480 型机处理时间/h
2～10	0.5
10～45	1.0
45～75	1.5

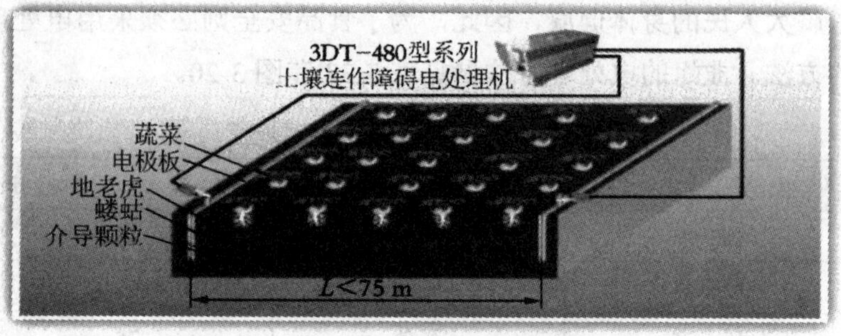

图 3-21　地老虎、蝼蛄的电处理方法

（E）特别提醒

· 所有连作地区必须使用强化剂进行土壤电处理。

· 移栽的种苗必须为不带菌、不带毒的安全苗。

· 播种的种子必须经过严格的消毒处理。

（F）土壤改良

提高处理电压和延长处理时间是提高盐渍土改良效果的重要方法。建议采用 3DT-480 型土壤连作障碍电处理机进行处理，处理时间 10 h，介导颗粒用量 600～900 kg/hm^2。应该注意的是土壤改良的电处理过程不得使用强化剂。

（G）大面积土壤的电处理方法

对于温室群、连栋温室、露地等种植面积较大的田地实行电处理可采用比较经济的方法进行，如图 3-22 所示。

该方法需要按照单位面积的电极板、介导颗粒、强化剂用量进行统一施工，期间需要一定数量的防水线，并通过 14 路循环控制器进行轮替处理。

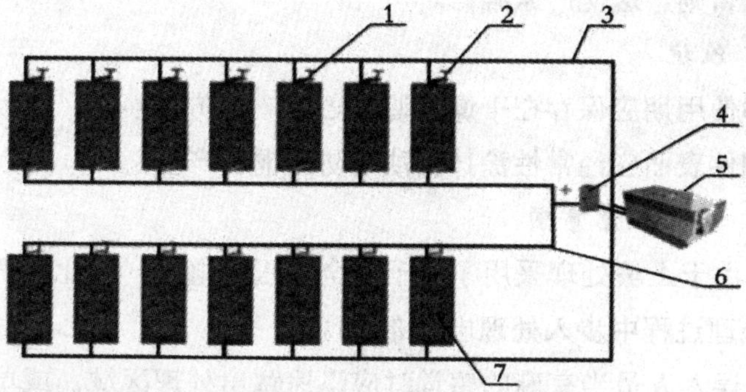

1. 电极钳 2. 电极把 3. 负极电线 4. 14路循环控制器
5. 土壤连作障碍处理机 6. 正极电线 7. 需要处理的土地

图 3-22 1 台土壤连作障碍电处理机处理 1 hm^2 以下的土壤的控制方法

D. 主机的使用

布设好土壤处理电极后，经检查，两个电极之间应没有金属短路的地方（电阻不小于 1 MΩ 便可与主机的输出电极夹相连）。

按照图 3-17、3-18、3-19、3-20、3-21，根据处理需要调节定时器。将定时器置于恒定或自动定时状态，同时将旋转开关置于“关”或“0”的状态。

所有人撤离处理区至边缘 5 m 以外的安全区域。以上程序检查无误后即可接入 220 V 电源，并根据处理需要将旋转开关置于低电压或高电压处。

E. 注意事项及故障处理

开机前检查每对电极板之间的电阻情况。如电阻很小（小于 5Ω），则说明两极之间有短路的地方，此时不可使用，应立即排除短路故障。

主机失电，应首先检查后端保险管座内 25 A 保险丝。断，则更换，否则，送交厂家维修。

F. 维护

非使用期应保存在干燥、遮荫之处，严防锈蚀。

铜件表面应经常性涂抹黄油，防止铜锈产生。

G. 安全注意事项

· 由于土壤处理采用了大于安全电压的电压，因此，严禁人员在处理过程中步入处理电极布设现场。

· 误入人员当有麻的感觉时应迅速跳出处理区域，或单腿跳离处理区域，或喊叫他人关掉电源。

· 处理过程中不得同时手触两个电极夹。

· 不得空载开机。

H. 定时器的使用

（A）使用方法

设置程序：只需拨动设定片（红色设定片），每个设定片为15 min，拨到外侧为接通电源。例如，让电器在24 h之内，工作15 min，停止15 min，周而复始。需将设定片数拨到外面即可，如图3-23所示。

图3-23　定时器

校对现在时刻：为了便于掌握时间，只需要顺时针旋转刻度盘，使三角箭头指向现在时刻，将控制器的时间调整为北京时间即可。即使不作此调整，也不影响控制器定时。

将电器用品的电源线连接至定时器的电源上。电器用品务必是开启状态。

再将定时器连接在电源上，电器用品即可按预先设置好的程序执行开与关操作，进行工作。

定时位置开关务必拨到定时“ON”位置。这样才能起到定时作用。

（B）技术规格

额定电压电流功率	AC 220/2 000 W
使用温度范围	－10～55℃
操作方向	顺时针
时间设定范围	15 min～24 h
固有损耗	≤1 W

I. 重要提示

土壤处理的效果好坏依赖于土壤持水量、介导颗粒和强化剂的投入多少、每次的处理时间以及处理间隔时间的长短。为了达到良好的连作障碍克服效果，播种的种子以及移栽的种苗必须进行灭菌消毒和保持无毒状态，否则，电处理无法处理种苗自身携带的病原菌。

电处理土壤连作障碍电消毒方法的条件：

a. 电处理根结线虫病和枯萎病的土壤含水率的要求：土壤务必呈淹水状态，即土壤水分为过饱和状态。

b. 对于根结线虫病，如果使用 3DT-90 型土壤连作障碍电处理机，那么，当电极板极间距为 1 m 时，处理时间为 6 min；如果极间距为 4 m，则处理时间为 20 min；如果极间距超过 15 m，则 3DT-90 型处理无效。

c. 对于根结线虫病，如果使用 3DT-480 型土壤连作障碍电处理机，那么，当电极板极间距为 1 m 时，处理时间为 1 min；如果极间距为 4 m，则处理时间为 6 min；如果极间距为 15 m，则处理时间 30 min；如果极间距超过 30 m，则处理时间 2 h。

d. 对于枯萎病等真菌病害，无论是 90 型还是 480 型，其极间距与根结线虫病处理相同时，处理时间都需要加倍。另外，第一次处理时务必使用强化剂，用量为 450 kg/hm^2，其后每年为 150 kg/hm^2。

④土壤连作障碍电处理技术的应用

A. 应用概况

土壤连作障碍是世界性难题，但目前国内外的研究成果都比较少。土壤电处理技术以其操作方便，消毒灭虫效果好、又可在植物生长期进行处理的优势将成为土壤处理领域中的先进技术代表。截至 2010 年，土壤电处理技术已在瓜菜类蔬菜枯萎病、黄萎病、根结线虫病和韭菜韭蛆的防治试验示范中取得了成功，并开始了目前世界上最难攻克的土壤防治难题——樱桃根癌病的电处理防治试验。

樱桃根癌病的电处理防治试验的成功将会是 21 世纪初农业科技领域中的重要的科技成果。环境安全型温室建设规范将涵盖这一土壤电处理的物理植保技术方法。

图 3-24　3DT-90 型土壤连作障碍电处理机

B. 技术应用实例

天津市津南区 2010 年建立了咸水沽镇四里沽村和葛沽镇南新房村 2 个科技项目示范点，陈吉福、陈吉林、孟凡禄和马战勇 4 个科技示范户引进 3DT-90 型土壤连作障碍处理设备 2 台套；蔬菜产量平均提高 10%以上，每公顷平均节本增效 750 元；二年累计实验面积 2.7 hm^2，实现经济效益为 42.2 万元。试验效果如下：

（A）技术装备

3DT-90 型土壤连作障碍电处理机："3D"表示消毒机具；"T"表示土壤；"90"为建议处理电压（带载）。该装备由主机（带有 2 个电极钳）、电极钢板 2 组、介导颗粒以及专用的强化剂组成。

（B）装备技术性能

- 使用电源：AC 220±15 V；
- 功率：1.2 kW；
- 输出电压：DC 0～90 V；

- 板电极寿命：42 000 h；
- 电极寿命：42 000 h；
- 介导颗粒粒径：8～15 mm（相当于处理 40 000 h 的寿命）；
- 强化剂：粉粒体，增强电化学反应强度，对环境无害；
- 安全保障方式：电网隔离。

（C）应用效果

使用土壤连作障碍处理机进行土壤处理时，将处理机电极部分插入土壤 150～500 mm 深，土壤处理效果随处理电压、土壤含水率以及时间的增加而增加。

处理时间第一次保持在 6～10 h，之后每隔一个月处理一次，每次 2～4 h，直到农作物全生育期结束。

对于线虫发生严重的地块，每次处理间隔期最好为 4 周，每次处理时间 4 h，这是由于线虫卵很难通过电处理杀死，必须待它孵化为幼虫时才可以杀灭。为此，必须采用间断处理方式进行处理。应用效果参见表 3-34 和表 3-35。

表 3-34　南新房村芹菜温室对比

	实验棚（使用土壤连作障碍电处理机处理）	对照棚（未使用土壤连作障碍电处理机处理）
实验时间	2010 年 1 月 15 日—5 月 2 日	2010 年 1 月 15 日—5 月 2 日
实验地点	葛沽镇南辛房村温室 14 号	葛沽镇南辛房村温室 13 号
实验面积	445 m^2（0.7 亩）	445 m^2（0.7 亩）
实验品种	芹菜	芹菜
试验温度	13～29℃	13～29℃
处理程序	处理时间第一次 10 h，之后每隔一个月处理一次，每次 4 h	
浇水情况	4 次	4 次

续

	实验棚 （使用土壤连作障碍电处理机处理）	对照棚 （未使用土壤连作障碍电处理机处理）
施肥情况	鸡粪 3 方、钾宝 20 kg	鸡粪 3 方、钾宝 20 kg
病虫害防治情况	无	治潜叶蝇，打药 1 次
上市时间	2010 年 5 月 2 日	2010 年 5 月 10 日
单株产量/kg/株	0.5	0.42
单畦产量/kg	100	84
总产量/kg	5 000	4 200
单价/元/kg	2.5	2.5
合计/元	12 500	10 500
产量增幅	16%	

表 3-35 四里沽村西红柿温室试验对比

	实验棚 （使用土壤连作障碍电处理机处理）	对照棚 （未使用土壤连作障碍电处理机处理）
实验时间	2009 年 2 月 12 日—6 月 15 日	2009 年 2 月 12 日—6 月 15 日
实验地点	四里沽村（陈吉林大棚）	四里沽村（陈吉林大棚）
实验面积	480 m^2	480 m^2
实验品种	中杂 9	中杂 9
棚内温度	16～30℃	14～28℃
处理程序	处理时间第一次 10 h，之后 4 周一次，每次处理时间 4 h	—
浇水情况	3 次	3 次
施肥情况	定植前施大粪、鸡粪	定植前施大粪
病虫害防治情况	—	2 次

续

	实验棚（使用土壤连作障碍电处理机处理）	对照棚（未使用土壤连作障碍电处理机处理）
单株产量/kg/株	1.45（结果 8 个）	1.35（结果 8 个）
单畦产量/kg/株	121.8	113.4
初次收获日期	5 月 6 日	5 月 14 日
收获结束日期	6 月 15 日	6 月 10 日
总产量/kg	3 410	3 040
单价/元/kg	2	2
合计/元	6 820	6 080
产量增幅	12.17%	—

5. 电场种子处理技术

（1）技术原理

电场种子处理技术是物理学与生物学两个学科交叉的产物。电场种子处理机模拟大自然的电场效应，激化种子内部活力，使多种酶的活性得到提高，从而催动种子的发育。它以一种或多种物理量处理播种前的种子，以改变并促进种子及植株的一系列生物化学效应和生物效应，从而促进农作物的优质高产。

播种前的种子是一种惰性物质，其内部的正负电荷处于杂乱无序的状态；只有在播种后，经过大自然电场的缓慢作用，种子内部的正负电荷才逐渐按顺序排列，并有了一种生长的趋势，从而开始萌发和生长。

电场种子处理技术就是通过模拟大自然的电场效应，给种子施加比自然界电场强若干倍的电场力，使种子内部正负电荷在播种前就得以有序排列，从而有效缩短种子在土壤里的萌发期，较早地催动种子的发育。俗话说："苗差一色收成差一成。"壮苗是增产的基础。试验证明，相对于未处理过的种子，经电场种子处理技术处理过的种子可以实现早出苗、出全苗、出匀苗、出壮苗。

（2）作用及效果

用电场种子处理机所产生的适宜的电场强度和处理时间处理各类作物的种子，有提高种子吸水速率、吸水量、发芽势和发芽率的作用，从而争得壮苗和单株显著增长的优势。处理过的种子，其耐寒、抗干旱、抗盐碱和抗病虫害的能力在发芽期、出苗期、幼苗期均有所增强。种子内部的活力被激化，主要表现在多种酶（如淀粉酶、过氧化物酶及其同工酶等）的活性提高，长成的幼苗和植株吸收氮、磷、钾和微量元素锌、铁的能力大大增强。由于壮苗还表现在叶片宽大肥厚，叶绿素的含量提高，因此光合作用必然增强。又由于高压直流电所产生的大量的臭氧对种子有很强的消毒杀菌作用，因此可有效地防止种子的霉变。

电场处理种子的另一个重要作用是，在提高农作物产量的同时提高果实的品质。碳水化合物的测定表明，经过电场处理的作物，其脂肪酸、糖类、维生素、无水物质、淀粉、蛋白质及总氨基酸含量均高于对照的作物。

目前，电场种子处理机可以针对不同作物种子的特性而选用适宜的电场强度和处理时间，不仅可以有效提高种子的吸水速率、吸水量、发芽势和发芽率，争得壮苗和单株显著增长的优势，而且还产生大量的对种子有很强的消毒杀菌作用的臭氧，从而有效防止种子霉变；同时，种子内部多种酶（如淀粉酶、过氧化物酶及同工酶等）的活性得到提高，幼苗和植株吸收氮、磷、钾和微量元素锌、铁的能力大大增强。另外，生长出的壮苗叶片宽大肥厚，叶绿素含量提高，作物的光合作用增强，因此作物的产量大大提高。

电场种子处理机的主要优势在于：

a. 一年投入，多年受益。采用化学方法获得增产需要每年重复性地投入；而购买一台电场种子处理机，可持续使用十多年，维修成本几乎可以忽略不计。

b. 安全可靠，操作简便。电场种子处理机工作电压虽有几万伏，但它是直流电压，交流电流也只有 250 μA，因此对人身几乎没有任何伤害作用。用户根据不同作物种子需要选择不同的电场强度，只要选择调节按钮即可。

c. 适用范围广。所有种子，无论是农作物还是经济作物，无论是蔬菜水果还是花卉苗木，就是牧草种子，都可以进行电场处理，均有效果。种子成千上万种，我们不可能对每一个品种的种子做反复的试验。但实践证明，所有种子采用电场强度 30 000 V 即等级 6 进行处理，均可以收到明显的效果。

d. 投入小、产出大。以 ZD-300 型（处理 300 kg/h）电场种子处理机为例，按 5%的增产幅度，粗略测算，只需处理 33.3 hm^2 小麦或 13.3 hm^2 水稻、14.7 hm^2 棉花或 36 hm^2 玉米，就可以收回设备成本了。其余增产所带来的收入基本上可以算做纯效益了。天津市静海县的实验结果为：春玉米、冬小麦、春大豆和棉花增产幅度分别达到 15.3%、16.5%、22.5%和 25.5%。同时，ZD-300 型电场种子处理机额定输入总功率只有 45 W，使用 24 h 用电量也仅 1 度，可以说，用电的成本很小，劳动力用工也很少。

6. 磁场种子处理技术

地球是一个巨大的磁场，生物在长期进化过程中，已经适应了地球的磁场环境。当生物体所处的磁场环境发生变化时，生物就会产生各种各样的效应。国内外大量研究表明，适当强度的磁场处理农作物种子具有明显的增产作用，主要表现在叶绿素含量提高，光合速率增强，某些酶和激素活性变化，能量代谢旺盛，从而有效提高种子活力，促进幼苗生长发育，防治病虫害，提高抗逆能力，增加产量等显著效果。

种子磁化技术是电磁技术与生物技术的结合，是目前使用广泛的农业增产技术，已应用于水稻、小麦、玉米、大豆等大田作物及部分蔬菜种子的处理。

（1）技术原理

磁场种子处理技术属现代生物物理技术。国外学者认为，对作物生长起重要作用的酶是一种半导体，在外加磁场的作用下，酶的表面形成一个势能，进而改变酶的功能和活力，促进植物根系生长和吸收营养物质。而国内的有关研究起步较晚，较有代表性的理论是中国科学院物理研究所提出的三项理论。

一是金属磁化离子作用理论。农作物体内含有金属元素 10 余种，其中，有 8 种是过渡金属元素。这些元素的磁性离子多是在各种酶中起重要作用的成分，因此，磁场力作用可以促进功能酶的活动，促进植株生长发育，从而提高产量。

二是磁场与生物等离子体相互作用理论。生物体内存在着准粒子和它们的相互作用，在磁场的作用下，一些有重要生物意义的离子性能发生改变，便产生生物效应。

三是生物磁场相干效应理论。外磁场与生物本身磁场相互作用，使生物体内磁能等参数发生变化，从而对生物产生影响。

（2）作用及效果

CJ-Ⅲ型磁场种子处理机是依据磁场种子处理正向效应和种子微磁性互作机制开发的种子磁化机。该机采用多级交变磁极处理结构进行落种处理，种子在磁场处理正向效应规定的磁场强度范围内受到微磁化和物质结构扭变处理。

处理后的种子播种会与土壤形成生化、物理互作，带有微磁性的种子会将其周边的微量元素铁磁性物质、顺磁性物质吸引至种子表皮和土壤固液混合相组成的活性界面中，扭变的膜结构会在土壤环境中得到慢慢修复，种子萌发利用丰富的微量元素构建丰产的物质基础。另一方面，微磁性种子还能够解析土壤吸附性磷元素，增加土壤有效磷的供给。

图 3-25　CJ-Ⅲ型磁场种子处理机

在播种前用磁场对农作物种子直接进行磁化处理，通过物理作用激发种子酶的活力，可以改善种子素质和幼苗素质，使根系发达、活力增强，并增强抗病虫害能力，改善作物的新陈代谢，提高作物吸收水、肥的能力，使作物稳健生长，达到增产目的。试验证明，经过磁场处理的小麦增产幅度可达8.1%，玉米的增产幅度可达11.8%，蔬菜增产幅度可达10%以上。

从玉米、大豆、花生种子的应用效果来看，经CJ-III型磁场种子处理机磁化的种子发芽快，出苗普遍比未磁化的早1～2 d，根系比较发达，叶片宽且色深。有数据表明，磁化处理玉米种子在出苗20 d后比未磁化的高1.96 cm，生长中后期株高比未磁化的矮10.2 cm，茎秆比未磁化的粗0.26 cm，穗比未磁化的粗0.2 cm，穗长比未磁化的长0.56 cm，轴比未磁化的细0.1 cm，秃尖比未磁化的小0.2 cm，百粒重比未磁化的重1.76 g，产量平均增产10.8%～12.7%；磁化处理大豆种子的单株分蘖比未磁化的多1～2个，百粒重比未磁化的重0.2 g，成熟期比未磁化的早1～2 d，增产7.48%；磁化处理花生种子，单株分蘖比未磁化的多0.8～1.2个，单枝结荚数比未磁化的多1～1.5个，百粒重比未磁化的重13.6 g，成熟期比未磁化的早1～2 d，磁化的比未磁化的增产11.7%。磁化的抗倒伏能力增强。玉米黑穗病，大、小斑病明显减少。

总之，经过处理的种子种植后，苗齐苗壮，根系发达。作物新陈代谢功能得到改善，对水、肥的吸收能力明显提高，均可以达到增产效果。

(3) 种子磁化处理技术应用实例

①辽宁省大连市旅顺口区应用实例

辽宁省大连市旅顺口区共有种子磁化机146台，推广程度为

2 台/村。2006 年，种子磁化面积 3 333 hm^2，磁化量 250 000 kg（小麦 150 000 kg），磁化率 90%。共增产粮食 2 480 000 kg，增收 310 万元。其中，533 hm^2 小麦，共增产 320 000 kg；4 000 hm^2 玉米，共增产 2 160 000 kg。

表 3-36　种子磁化对比试验情况表

作物	小麦		玉米		谷子	
处理方式	磁化	未磁化	磁化	未磁化	磁化	未磁化
试验地点	江西街道隋家村东山地	江西街道隋家村东山地	双岛街道张家村东山坡	双岛街道张家村东山坡	三涧堡街道石灰窑四队	三涧堡街道石灰窑四队
户主姓名	鲁柱	鲁柱	北朔农场	北朔农场	梁怀寿	梁恩举
面积/hm^2	0.13	0.13	0.24	0.19	0.2	0.13
品种	鲁麦 21 号	鲁麦 21 号	农大 108	农大 108	黑石 1 号	黑石 1 号
播种期	2005.10.8	2005.10.8	2006.5.12	2006.5.12	2006.4.22	2006.4.22
收获期	2006.6.28	2006.6.28	2006.10.6	2006.10.6	2006.9.15	2006.9.15
出苗率/%	95	90	96	90	90	86
壮苗率/%	93	85	90	85	85	80
产量/kg/ hm^2	6 720	5 970	7 500	6 750	5 475	4 875
增产/kg/hm^2	750		750		600	
增产率/%	12.5		11.1		12.3	
试验人员	鲁柱 宋元岱	鲁柱 宋元岱	王家太 周纯喜	王家太 周纯喜	尹久山 王恒峻	尹久山 王恒峻
备注	区试验田	区试验田	区试验田	区试验田	区试验田	区试验田

②辽宁省大连市庄河市徐岭镇前洼村应用实例

辽宁省大连市庄河市徐岭镇前洼村有玉米种植面积 32 hm^2，今春播种除留下 0.4 hm^2 地用于磁化对比试验外，其余全部磁化，结果表明，磁化效果十分明显。

现将种子磁化对比试验田情况介绍如下：

A. 对比试验要求

选择条件完全相同的同一地块，应用同一包装的同一品种，统一田间耕作和管理。

B. 试验地块和品种

对比试验田共 0.8 hm^2，分两个品种对比田，其中，“丹大 3” 0.4 hm^2（磁化、未磁化各 0.2 hm^2）、“沈玉 17” 0.4 hm^2（磁化、未磁化各 0.2 hm^2）。

C. 对比田生长期的表现

（A）苗期

磁化的玉米长势较对比田无明显区别，但磁化的玉米其根系发达，在中午光照强烈时，叶片不打蔫，抗旱效果较明显。

（B）中期（生长2个月左右）

磁化的玉米较对比田叶片宽厚，颜色深，秸秆粗壮，根系发达，株高区别不明显。

（C）抽雄期（生长3个月左右）

磁化的玉米长势明显好于对比田，表现为秸秆粗壮，叶片宽厚，颜色深，根系发达，株高比未磁化的高 10～20 cm。

（D）成熟期

磁化的玉米秸秆粗壮，穗粗大，籽粒饱满，秃尖小，叶片颜色较黄，可提前成熟 5～7 d，增产在 10%左右。

7. 电子杀虫技术

（1）技术原理

电子式杀虫灯（图 3-26）采用具有特定光谱的特殊光源和灭

图 3-26　电子式杀虫灯

杀装置，在夜间开启光源将害虫引诱飞来，害虫飞扑光源过程中触到设在光源外围的高压电网，高压电网瞬间放电将害虫击杀致死，从而达到有效地阻断害虫的生殖繁育链，降低危害农作物的虫口密度，减少化学农药使用量的目的。

（2）作用效果

电子式杀虫灯可广泛用于病虫害发生量大、用药频繁的农、林、蔬菜、烟草、仓储、酒业酿造、园林、果园、城镇绿化、水产养殖等领域。可诱杀果树害虫（吸果夜蛾、食心虫等）、蔬菜害虫（小菜蛾、白飞虱等）、粮食害虫（谷子钻心虫、豆天蛾等）、麦类害虫（麦蛾、黏虫等）、水稻害虫（稻飞虱、叶蝉等）等 1 270 种害虫。使用该灯可大幅度减少农药用量。

目前，电子杀虫装备还普遍应用于全国的虫情监测工作。虫情测报灯依据昆虫趋光性原理，利用光、电、数控技术，实现虫体远红外处理，自动杀死诱集的昆虫，且诱集昆虫种类多、数量大。智能虫情测报灯安装后，可以高效、准确地预报虫情发生，为及时、准确提供虫情信息和指导大面积虫灾防治，进而指导大田虫害防治提供科学依据，最终达到有效控制大田作物病虫害的目的。

（3）安装方法

①安装方法

多灯布置时，灯群线径用 1.0 mm^2 以上的铜芯线或 2.5 mm^2 以上的铝芯线连接，然后选择采用顺杆架空线路。没有线杆的地方要用 2.5 m 以上的木桩作为临时线杆，不能随意拉线。

②电子杀虫灯的大田布置原则

电子杀虫灯的大田布置原则是，每盏灯灯距大于 130 m。建议采用以下布设规则。

棋盘状布设规则：每台杀虫灯在田间排布的棋格距一般为 100～130 m，吊挂高度为 1.5 m。

纺锤形布设规则：一般中间布设 3 台灯，两端各布设 2 台灯，各灯距应在 130 m 范围内。

（4）电子杀虫技术应用实例

2006 年，广州市十大无公害蔬菜生产基地之一的合利菜场进行的佳多频振式杀虫灯防治蔬菜害虫的试验、示范，取得了明显效果。

①试验安排

菜场面积 100 hm^2，主栽蔬菜品种是以十字花科为主的叶菜类。主要害虫有斜纹夜蛾、小菜蛾、黄曲条跳甲等。尤以 6～8 月份斜纹夜蛾暴发期为害重，且抗药性强，药防效果较差，对菜场的安全生产威胁极大。

2006 年，菜场采用 220 V PS-15Ⅱ普通型佳多频振式杀虫灯防治蔬菜害虫。共安装 50 盏灯，采用棋盘式排列形式，灯高距地面 1.5 m。6 月 18 日开始至 11 月末，每日 18:00～19:30 开灯，翌日 6:00～7:00 关灯。每盏灯控制范围约 2 hm^2。开灯期间逐日定点调查记录 5 盏灯所诱杀害虫的种类、数量。汇总分析 6 月 19 至 8 月 20 日的记录结果，并对灯区和无灯区的田间落卵量进行定点调查，计算虫卵减退率和防效，以了解斜纹夜蛾田间发生动态。

②试验结果与分析

A. 害虫种类

查得可辨认害虫 65 种，隶属 8 目 26 科。其中，数量较大的有鳞翅目的夜蛾科、螟蛾科、菜蛾科，鞘翅目的金龟子科、丽金龟子科、叶甲科，同翅目的叶蝉科、飞虱科，以及双翅目蚊科，等翅目白蚁科，约占诱虫总数的 90%。诱杀的蔬菜主要害虫有斜纹夜蛾、甜菜夜蛾、小菜蛾、大螟、小地老虎、豆荚螟、东方蝼蛄、金龟甲、黄曲条跳甲等。

B. 诱虫量

从 6 月 19 日至 8 月 20 日（期间 9 个雨夜不开灯，开灯日数为 54 d）5 盏灯共收集可辨认的昆虫 30 220 头。其中，蔬菜主要害虫 17 063 头，以斜纹夜蛾诱集量为最多，为 7 404 头，占蔬菜害虫诱虫量的 43.4%。平均单灯日诱虫 111.9 头，其中，斜纹夜蛾 27.4 头。

C. 诱测田间害虫消长情况

6 月份进入诱虫高峰期，高峰期为 6—9 月份。11 月份诱虫量回落，其中，夜蛾类、金龟甲等多数蔬菜害虫 6—7 月份为盛发最高峰。8 月份开始下降。小菜蛾、黄曲条跳甲这 2 种害虫则以 10—11 月份为盛发高峰期。各种害虫在灯下的消长情况与田间实际发生情况基本一致。

D. 对斜纹夜蛾的控制效果

分别于 6、7、8 月份斜纹夜蛾盛发期在灯控区和非灯控区（以公路相隔，相距约 1 km）各选取 3 块菜田，每块田 5 点调查 100 株，共 300 株小白菜（植期一致），查斜纹夜蛾的落卵量。结果是，灯控区落卵量较非灯控区平均低 52.2%。

③防治效果及效益分析

A. 防治效果调查

8 月 12 日在灯控区和非灯控区各选 2 块第 2 天要采收的小白菜田调查虫害株。每块田取 5 点，每点查 20 株，共 200 株。调查结果：灯控区虫害株 11 株，虫株率为 5.5%，防效 94.5%；非灯控区虫害株 34 株，虫株率为 17%，防效为 83%。灯控区的防效较非灯控区高出 11.5 个百分点。

B. 效益分析

按照当年的物价水平计算，菜场共装 50 盏灯，成本 1.5 万元，装灯工本（材料、人工）1.95 万元，合计成本 3.45 万元。按每盏灯控制面积 2 hm^2，使用寿命 5 年计算，需要增加成本 69 元/hm^2。从 6 月 19 日开灯至 11 月份，每盏灯电费约 25 元，每公顷计电费为 12.5 元。开灯至 11 月份，每公顷共需增加成本 81.5 元。据合利菜场统计，同期灯控区较非灯控区减少施药 8 次，每公顷每次农药成本约 100 元，加施药人工费 30 元，合计成本为 130 元。因此，灯控区同期可减少用药成本 1 040 元/hm^2，扣减杀虫灯成本 81.5 元/hm^2，实际可节约成本 958.5 元/hm^2。

④小结与讨论

A. 杀虫谱广，杀虫效果明显

对蔬菜主要害虫种类均有较强诱杀作用，特别是对主要害虫之一的斜纹夜蛾的控制效果显著，落卵量下降一半以上。对部分害虫，如小菜蛾、黄曲条跳甲的诱虫量偏低，最高月份单灯诱虫平均仅 11.8 头和 9.1 头，而 10—11 月份（防治前）田间小菜蛾、黄曲条跳甲发生高峰期百株虫量一般高于 100 头，最多可达 1 000 头，诱杀量与田间实际发生量不一致。

B. 经济、生态和社会效益显著

从效益分析可知，合利菜场仅下半年节约用药成本近 10 万元。用药量与 2005 年同期相比减少约 1/4。且杀虫灯在使用过程中安全，无污染，对人、畜无害，经济、生态和社会效益显著。

C. 11 月份停止使用

进入 10 月份，对夜蛾、小地老虎、金龟甲等主要害虫诱杀量下降，控害效果不显著。11 月份，诱虫量继续降低，每灯平均日总诱虫仅 20.5 头。因此，作者建议可在 11 月份停止使用，将杀虫灯清洁保养后存放于室内。既可节省成本开支，又有利于延长杀虫灯的使用寿命。

8. 磁化水技术

水是生命之源，良好的水质可以有效地促进动植物的生长。一般情况下，80%的水是由十几个水分子靠氢键相互连接成水分子团的形式而存在的。这种水的活性差，不易被动、植物吸收，农业用水的水质更是不容乐观。针对这一难题，磁化水技术给出了有效的解决方案。

（1）技术原理

磁化水技术作为现代物理农业工程技术体系的一个组成部分，其技术原理非常简单。首先，给农业用水的管道上缠绕一定数量的线圈，然后，一个产生频率连续变化的电流信号的装置将信号输出到管道外的线圈上，使管道内部自动产生相应变化的电磁场，这种电磁场能够瞬间断开水分子团的氢键，使水分子团变成单个的水分子，从而使流经管道的普通水变成磁化水。同时，功率很强的电磁场可以有效杀灭水中的细菌和病毒。

（2）磁化水的使用效果

磁化水使用安全、无污染，极大地提高了农产品的产量和品质。科学试验表明，磁化水浸种、育苗处理可以有效提高种子的发芽率，作物增产8%～25%。经磁化水灌溉的棉花、水稻、小麦、玉米、蔬菜、花卉等作物，平均增产在5%～30%。

应用磁化水饲养家禽、家畜和水产等，可以有效减少疾病，提高肉食品质和产量。例如，奶牛饮用磁化水后，产奶量明显提高约10%；应用磁化水养鱼，产量增加14%左右；使用磁化水养殖的猪，其日增重在8%左右，而且瘦肉多，肉质良好。

（3）磁化水在农业中应用

磁化水在农业中的用途非常广泛。近20年来，很多国内外专家和学者研究磁化水在农业中的应用，特别是在作物浸种、育苗、灌溉等方面已经取得了丰硕的成果。经过磁化水浸种、育苗、灌溉的作物，种子的发芽率高，而且根系发达，对氮、磷、钾肥及水的吸收能力增强，叶片叶绿素含量提高，光合作用明显增强。另外，农作物的抗病性、抗寒性、抗旱性和抗倒伏能力也得以增强，农产品品质明显改善。

9. 种子频谱促生技术

高产、稳产、优质、高效是现代农业对作物品种遗传性状的共同要求，而对种子进行处理是实现这一要求的比较简单的方法之一。目前，许多国家已将许多方法用于对种子进行处理，以求提高种子的发芽率及提高苗木健壮程度、改变植物遗传特性，从而提高作物产量和品质。众多的农业科技工作者对此进行了较为广泛的研究。

种子频谱促生技术是一项新型的农业生产技术。在播种前用频谱仪对作物种子进行直接辐射处理，能激发种子酶的活力，进而改善作物的新陈代谢功能，提高作物吸收水、肥的能力，使作物稳健生长，从而达到增产的目的。

天津农学院使用 WS-311C 频谱仪对种子进行处理，大致方法是：频谱仪与种子距离 30 cm 左右，仪器先预热 5 min 达饱和辐射，再把干燥种子置于仪器下进行照射，种子表面温度控制在 35℃左右。实验分别选取中作 93 水稻种子、津冬 6 号小麦种子各 500 粒处理 1 h，并以不照射的干种子为对照，进行种植对比实验。

实验结果证明，种子频谱促生技术可以提高种子活力，增强种子内部酶的活性。

（1）提高种子活力

频谱技术可提高种子的发芽势和发芽率，使种子发芽快、齐、匀、壮，可提高种子活力 20%～30%，节约种子 15%～20%，增产 5%～10%，并能延长种子的贮藏时间。

（2）增强种子内部酶的活性

从实验中发现，作物种子经频谱仪照射适当时间后，其酶的活性明显增加。这说明频谱仪的辐射处理对作物种子生长机能有一定影响。科学测定表明，种子中的三种酶的活性明显提高。

第一，过氧化氢酶（CAT）的活力均有所提高。过氧化氢酶是植物体内的保护性酶，能够减轻植物受过氧化氢的毒害，延缓衰老的进程。

第二，幼芽中 POX 的活力也得以提高。POX 也是机体中的一种保护酶，能清除机体的过氧化氢的活性，有助于提高植物体的抗病能力。

第三，幼芽中 SOD 的活性也得以显著提高。SOD 是植物体中存在的一种很重要的保护酶，植物的抗逆性与 SOD 的活力成密切正相关。

种子频谱技术适合农作物、蔬菜、林业、花卉、果树、药材、烟草等各类种子的催芽育苗，应用前景非常广阔。如果能够进行深入地研究，设计出更适合于农业科研和生产的农业型频谱仪，那么其效果将会更好，也更利于推广。

10. 温室补光技术

近年来，温室栽培在我国迅速发展，各地普遍采用温室大棚生产反季节蔬菜、瓜果、花卉等。但由于温室结构、卷放帘时间、棚膜上的尘土露水等影响，温室内一般光照不足。为此，人们经常采用补光设备给温室作物补光和增温，以此来提高作物产量及品质。

目前，从温室光源的使用及性能来看，常用的光源主要有三类：普通光源、新型光源、专用光源。

（1）普通光源

常用的普通光源有白炽灯和荧光灯。其中，白炽灯依靠高温钨丝发射连续光谱，其辐射光谱大部分是红外线，红外辐射的能量占到总能量的 80%～90%，可转化为热能，使温室内的温度和植物的体温升高；但几乎不含紫外线。因此，白炽灯的生理辐射量很少，能被植物吸收进行光合作用的光能很少，仅占全部辐射光能的 10%左右。

荧光灯的灯管内壁覆盖了一层荧光物质，由紫外线激发荧光物质而发光。根据荧光物质的不同可以分为蓝光荧光灯、绿光荧光灯等不同种类的荧光灯。可根据栽培植物所需的光质选择相应的荧光灯。

（2）新型光源

目前，用于人工补光的新型光源有钠灯、氖灯和氦灯等。其中，高压钠灯是发光效率和有效光合成效率较高的光源，目前在温室人工补光中应用较多。

高压钠灯的光谱能量分布：红、橙光占 39%～40%，绿、黄光占 51%～52%，蓝、紫光占 9%。因高压钠灯产生的光含有较多的红、橙光，补光效率较高，故适宜于温室叶菜类作物的补光。

氖灯和氦灯这两种灯均属于气体放电灯。氖灯的辐射主要是红、橙光，其光谱能量分布主要集中在 600～700 nm 的波长范围内，最具有光生物学效应。氦灯主要辐射红光、橙光和紫光，三种光各占总辐射的 30%左右；可被叶片内色素吸收的辐射能占总辐射能的 90%，其中，80%为叶绿素所吸收，这对植物生理过程的正常进行极为有利。

（3）专用光源

这类光源是专为植物光照而设计开发的。具有代表性的产品有三个：

一是河北省赫谱科技有限公司与河北大学联合研制的专用于温室大棚作物的“阳光灯”。该系列产品具有良好的增产和促进早熟的效果，而且还能提高作物的免疫和抗病能力。

二是华东电子股份公司生产的植物生长灯。这种灯的生理辐射能的分布和配比较合理，其红、橙光的有效生理辐射能占 58%，蓝、紫光的有效生理辐射能占 32%，有效生理辐射能比率高达 90%。但由于该光源的发光效能低，因此其总的有效生理辐射能也很低。

三是大连市农业机械化技术推广站依据对植物光合作用有效的红、橙光谱设计而成的植物生长灯。这种灯能够显著加速植物发育，促进植物较早开花和结实。

11. **温室病害臭氧防治技术**

（1）技术原理

臭氧是一种具有非常强的氧化性的气体，能够很有效地对空气进行灭菌消毒和除臭。臭氧在医疗卫生领域已得到了广泛应用。在农业生产领域，特别是设施植物的植物保护领域，它的应用始于1993年，但直到2000年才开始正式推广应用。期间制约臭氧在生长中植物上应用的关键问题就是臭氧用于防治植物气传病害的浓度范围的界定。但作用时间长，臭氧对植物生长具有强烈的损害作用，只有在臭氧浓度控制在一定范围内且作用时间不长的情况下，植物生长期间的气传病害，诸如灰霉病、霜霉病等病害，才能够得到有效控制而不伤害植物。

（2）技术应用及其效果

该技术通过对抽入机内的空气进行高压放电而使空气臭氧化，臭氧化的空气又通过机内风机外吹，并沿铺设在温室空间的塑料喉管均匀地扩散出去。臭氧化空气杀灭温室病原微生物防治温室气传病害的能力来自于臭氧化空气分解出的原子氧的强氧化作用。

臭氧的分子式为O_3，它的自然消失速度快，在几十分钟内就由臭氧转为氧气。在恢复过程中，O_3分解出一个单原子氧。O_3的杀菌作用就主要来自于这个单原子氧的氧化作用。单原子氧一旦与引起温室植物病害的细菌、真菌及病毒接触，就将它们的组织蛋白、氨基酸、硫醇类或低分子量肽以及不饱合脂肪酸氧化，使这类微生物的活性降低直至死亡。

细胞膜是臭氧氧化作用的主要部位。臭氧作用于细胞膜上，它形成的游离根——超氧负离子自由基 O^{2-}能使细胞膜氧化破裂，失去物质交换能力和使酶失活。同时，O^{2-}又具有使基因改变的作用，使得生物体不能正常地生活。

臭氧对几乎所有的温室气传病害的病原菌具有杀灭作用，对多数土传病害的防治也有一定效果。臭氧杀菌要求一定浓度和作用时间。环境中温度、湿度、空气成分等因素对臭氧杀菌效果都有显著影响。温度愈高，杀菌效果愈差。棚温在 30℃以上的白天，臭氧灭菌几乎无效，因此，夜晚和阴天使用效果好。

湿度的影响要复杂得多，高湿有光照的防治效果较高湿无光照的效果差。用于温室植物病害防治且又不危害植物生长的臭氧浓度为 0.05 ppm，使用时间应在 20～30 min。

三、现代物理农业工程技术应用模式

所谓农业工程技术应用模式是指根据农业生产要求而建立的农业生产工艺和相应的农业装备组合类型。现代物理农业工程技术主要应用于大田作物、温室作物、畜禽养殖生产中。而技术应用大多是单一技术的应用或某一作业环节的技术应用，这影响了现代物理农业工程技术的综合作用效果。本节就从农业产业链的角度，针对关键作业环节，结合现有的技术实践，分析大田作物、温室作物、畜禽养殖的技术应用模式，为现代物理农业工程技术的综合应用提供参考。

（一）大田作物

从作物产业链生产来看，农业的整个产前、产中、产后生产过程包含众多的生产环节，各生产环节之间存在着时间和空间的联系，而这些联系客观地要求各环节在采用的各种技术的技术细节上要相互衔接，不能脱节（图 3-27）。

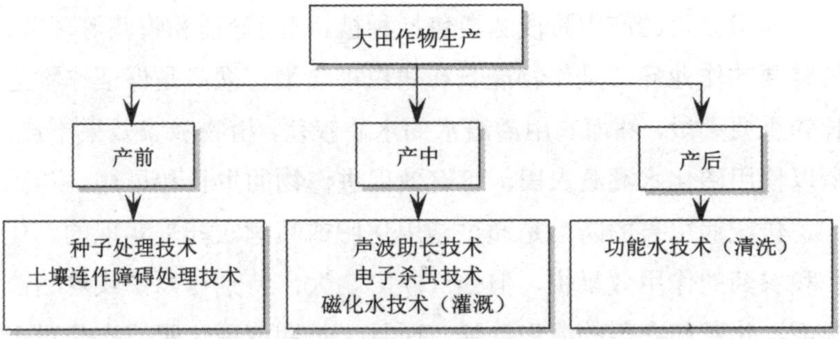

图 3-27　大田作物现代物理农业工程技术应用

1. 大田作物产前阶段

大田作物产前阶段主要是生产资料的准备过程，其中最重要的是种子和土壤。传统与常规的种子处理方法主要有包衣、拌药、化学脱绒、药剂浸种等，这些方法对农作物的灭菌防病、增产等方面有一定的作用，但也存在诸多弊端。例如，一般的化学处理方法易产生药害，对土壤环境有破坏作用，而且不能从根本上真正提高种子本身的整体抗病、抗寒、早熟等性能。

种子在播种前经特定的物理技术处理，其发芽率、发芽势得以明显提高，后期表现出苗齐、苗壮、叶厚，“三代苗”的现象得以有效解决，增强了作物抗病、抵御自然灾害和适应环境变化的能力，而且可以减少化肥农药施用次数和数量。目前，推广应用的种子处理设备主要有磁场种子处理机、电场种子处理机、等离子体种子处理机以及介电种子处理机等，这些设备可处理多种作物的种子，而且不受土壤和气候等农业生产条件的限制。

对于连作障碍现象严重的土壤，可使用土壤连作障碍处理设备对土壤进行处理，以保证作物的正常生长。

2. 大田作物产中阶段

大田作物的产中阶段主要包括种植、田间管理和收获等环节，最重要的作业环节是作物灌溉和病虫害防治。灌溉是保证作物生长的重要手段，然而农用灌溉水的水质较差，植物吸收效果不佳，所以使用磁化水灌溉农田，可有效促进作物的生长和早熟。

传统病虫害的防治是通过施用化肥或喷洒农药来实现的。化肥和农药的作用效果快，但受气候影响大，特别在雨季或暴晒情况下，化肥和农药的流失性强。而且，长期使用化肥或农药对土壤有酸化作用，如果使用不当，就会产生环境污染等不良后果，且补救困难。现代物理农业则通过应用声波助长技术、杀虫技术来防治作物病虫害，而且可以减少或不用使用化肥和农药，节约生产成本和人力投入。使用的装备主要有声波助长仪、杀虫装备（电子杀虫灯、防虫网、粘虫板）等。

3. 大田作物产后阶段

大田作物产后阶段主要是对收获物的初加工处理。可应用功能水技术对作物进行清洗除杂。应用装备是功能水设备。

（二）温室作物

我国温室的类型主要是玻璃连栋温室、塑料连栋温室、塑料大棚温室和日光温室。栽培的作物以蔬菜、瓜果和花卉为主。目前，全国温室面积居世界首位。

近年来，现代物理农业工程技术在温室作物中的应用最多，使用量最大。温室作物和大田作物在产前和产后阶段的技术应用基本相同，即产前应用种子处理技术处理作物种子，应用土壤连作障碍处理技术处理土壤。一些专业化生产基地，多年连茬种植，土壤病菌积累、空气质量差等问题严重，所以土壤连作障碍处理技术在温室生产中应用较多。产后阶段则可利用功能水技术处理收获物。而产中阶段，根据温室的不同技术需求会有不同的技术应用。

一般在大型连栋温室中安装温室防病促生技术系统或温室臭氧灭害设备，同时配合使用二氧化碳增施系统、杀虫设备（电子杀虫灯、防虫网、粘虫板）、声波助长设备、磁化水装置（灌溉）。主要应用于配套设施齐全的大型高档温室或观光温室，一般种植花卉等高档经济作物。以下是温室作物病害防治的技术应用方案。

方案一：温室防病促生技术系统＋杀虫设备＋二氧化碳增施设备；

方案二：温室防病促生技术系统＋杀虫设备；

方案三：温室臭氧灭害设备＋杀虫设备＋声波助长设备；

方案四：温室臭氧灭害设备＋杀虫设备。

而在塑料大棚温室和日光温室中，因为主要存在光照不足的问题，所以补光设备应用广泛。同时，可配备应用声波助长设备、杀虫设备、二氧化碳增施设备等设备。还可使用磁化水灌溉作物。

方案一：温室补光设备＋声波助长设备＋杀虫设备；

方案二：温室补光设备＋声波助长设备＋二氧化碳增施设备。

（三）畜禽养殖

畜禽养殖的一般生产工艺要求：

a. 选育优良品种；

b. 标准化饲养；

c. 环境调控；

d. 机械化生产，主要是供水、供料、供暖、保温、通风、降温等各环节上配套机电设备；

e. 兽医卫生防疫措施；

f. 现代化企业经营管理。

其中，a、b、e、f 四项以及环境调控中物理因素和群体因素主要由饲养管理技术解决。而畜禽养殖环境是影响畜禽生长和生产的外界条件，环境因素非常复杂，主要包括物理因素、群体因素和空气质量因素。机械化生产则需要配备相关的生产设施，它主要是根据不同地区的气候特点，设计适宜当地气候条件的畜禽舍，为畜禽提供适宜其快速繁殖和生长的环境，包括集约化畜禽舍和保温、遮荫棚舍及配套设备。完善的畜禽舍环境控制系统可使畜禽饲养获得优质高产和均衡生产，是畜禽集约化、工厂化饲养不可缺少的条件。

疫病预防是养殖企业的生命线，养殖环境的优劣直接关系到这条生命线的存废。在已发生的疫病中至少有 40%的疫病是通过空气传播的，另有 40%之多的疫病是通过流媒接触传播的，近 10%的疫病与粪便高度关联。而在突发的烈性疫病中会有 70%之多与环境空气质量相关。因此，控制空气安全和粪便安全就能控制住一半以上的疫病。

我们知道，环境安全、营养全面、疫苗预防、药物治疗四位一体才是健全的防疫体系。但我们往往忽视排在第一位的环境安全的重要性，过分偏重于疫苗预防和频繁地使用抗生素。殊不知，在众多的突发疫病中采用疫苗预防、抗生素治疗往往遭遇更大的危险。疫苗万能的思想冲击着畜禽舍环境安全的建设。为此，笔者提出和强调，环境安全型畜禽舍的概念和设计建造是极为必要的，或许它能够将设施养殖业引导到一条安全、舒心、健康的养殖道路上来。

环境安全型畜禽舍乃是一种可以自动预防动物疫病、具有自分解臭气能力且空气安全的新型畜禽舍，因此，环境安全型畜禽舍生产模式是以环境安全型畜禽舍为建设单元的一种动物食品安全生产方式。环境安全型畜禽舍的建设内容见图 3-28。

图 3-28　环境安全型畜禽舍

目前，现代物理农业工程技术在畜禽养殖中的应用主要是在畜禽舍中安装畜禽舍空间电场防病防疫系统，该系统可以有效地抑制雾汽的升腾和粉尘的飞扬，隔绝气传病害的气流传播渠道，使畜禽生长环境持续保持少菌少尘状态，从而提高畜禽舍内部空气质量，提高畜禽的成活率和畜禽产品的质量。使用该设备可以减少防疫药剂的使用，降低畜禽舍疫病的发生和畜禽产品的污染。

1. 技术原理

它是一种可以自动防疫而且无臭的畜禽舍。它的关键之处在于采用了整体空间的空气净化技术，即上空间设置了畜禽舍空气电净化自动防疫系统，粪道则采用了粪道空气电净化自动防疫器或粪道等离子体除臭灭菌系统。

2. 技术应用

环境安全型畜禽舍现已发展到多种类型，涵盖了猪、家禽、牛、羊以及宠物的饲养。其中，猪场和养鸡场的应用较多，防疫效果理想，推广速度愈来愈快。而牛羊舍的空气质量以及疫病的发生率都有了显著变化，养殖企业效益显著增加。

（四）无毒优质果蔬生产模式及其应用

无毒优质果蔬生产模式是一种能够控制植物全生育期病虫害发生的物理植物保护技术集成的模式，它包括设施农业和露地生产两部分，即无毒优质蔬菜设施生产模式、抵御连阴天的果蔬生产模式和环境安全型农场生产模式。

1. 无毒优质果蔬设施生产模式

此模式和物理农业技术装备标准配置见图 3-29。它以环境安全型温室为单元，以植物的土壤病虫害、地上病虫害为控制目标，通过集成物理调控植物生长技术与病虫害预防技术来实现果蔬生产无毒优质或有机的目标。

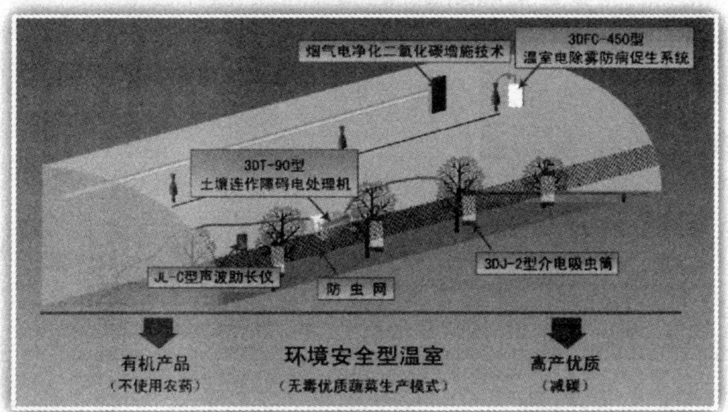

图 3-29　环境安全型温室的标准配置

植物生长的全生育期内要遭受来自土壤、空气中多种多样的病虫害侵袭，如果杜绝农药的使用，那么恐怕温室果蔬的产量将不足目前的 30%；而如果采用了农药等化学品，则又不得不产生农药残留问题。从人的健康方面考虑，有机果蔬或无毒果蔬则是现代人渴求的食物。那么，我们就只能考虑农药的替代物，即用物理方法来控制植物病虫害了。植物的病虫害分别来自于土壤、地上部分及空气，那么只要能够通过物理方法有效地预防以上三方面带来的病虫害威胁，果蔬的生产就易于实现有机食品的标准化要求了。

（1）土传病虫害的控制

土传病虫害包括土壤微生物引起的诸如枯萎病、根腐病、青枯病等的土传病害，根结线虫病和虫害三大部分。目前，能够综合处理和有效预防土传病虫害的物理农业装备为 3DT 系列土壤连作障碍电处理机，其中以自动处理方式最为有效。

（2）气传病害的控制

气传病害多数为霜霉病、灰霉病、疫病等真菌性病害，可有效控制它们的物理技术装备是能够产生空间电场的 3DFC 系列温室电除雾防病促生系统。

（3）飞翔类害虫的控制

蚜虫、白粉虱、蓟马等会飞翔的趋色微小体型害虫，以及趋光的蛾类、金龟子、蝼蛄等大型飞翔害虫的防控可采用多功能静电灭虫灯和防虫网。

（4）生长调控

空间电场和二氧化碳增施技术的配合使用可获得产量倍增效应。与烟气二氧化碳相结合还可有效控制许多作物的白粉病。

（5）成熟度控制

在果实类蔬菜生长接近常规商品重量时可采用声波技术进行促早熟控制。

2. 抵御连阴天的果蔬生产模式

维持植物的生长需要一定的气温、地温、光照、二氧化碳。在低地温（＜8℃）、弱光（＜600 lx）的环境中，大多数植物的根系就会逐渐停止养分的吸收，植物慢慢死掉（类似枯萎病）。而当地温合适但光照不足时，即使气温再合适，植物也会因无光合作用产物向根的输送而慢慢枯死。因此，真正能够抵御暴雪连阴天的技术措施就应该是下述的集合方案，即土壤电加温线＋空间电场发生系统＋补光灯＋热风炉，见图 3-30。

该方案中，空间电场所起的作用是提高植物的低温吸收（钙、磷）和合成营养（光和作用合成碳水化合物）的能力；补光灯和热风炉则是提供必要的光照和二氧化碳。我国最北部的温室采用这种方案就可以抵御长达 15 d 以上的极端低温连阴天。

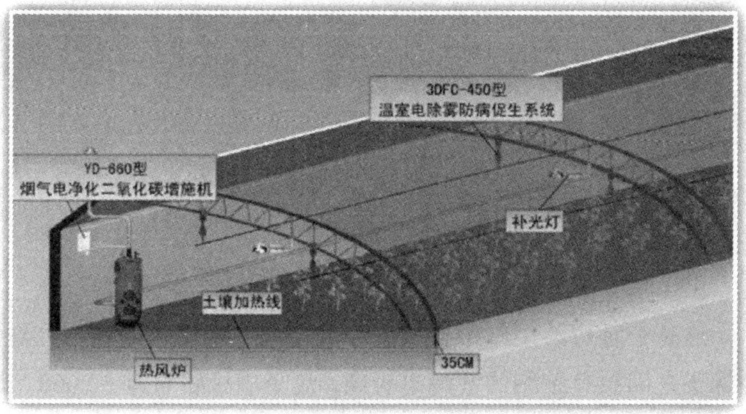

图 3-30　抵御连阴天的果蔬生产模式

热风炉和补光灯的联合作业就是提供植物生长所需要的气温、光照和烟气二氧化碳。在温室里安装的热风炉会释放出大量的二氧化碳，在空间电场和光照下，植物的光合作用强度就会大幅度增加。

3. 环境安全型农场生产模式

露地农产品生产所面临的病虫害威胁以及农药残留远高于温室果蔬生产，杀虫剂的毒性和残留时间是植物产品农药残留的主要来源。物理方法预防大面积暴发的锈病、枯萎病等病害的实践正在实施。多功能静电灭虫灯、空间电场设备（3DFC 系列温室电除雾防病促生系统）、3DT 系列土壤连作障碍电处理机已在香蕉枯萎病、樱桃根癌病、小麦锈病以及单一植物品种产区进行防治病虫害的试验示范，参见图 3-31。而物理植物保护技术的集成效果远远优于单机作业。

图 3-31　节水型环境安全型农场

这是一种可从空气中提取水分的空间电场聚水系统，红红的绝缘子之间拉有细细的不锈电极线，这个电极线带有 50 000 V 的直流正高压，它与地面建立的静电场就可以把夜间的水汽凝聚而沉降于地面，久而久之，草原就处于湿润状态。而且这种空间电场还可以促进牧草的生长并对牧草病害进行自动防治。

（五）环境安全型菇房生产模式及应用

白灵菇、杏胞菇、香菇等食用菌生产伴随着接种、催发菌丝、菌丝转化为菇蕾、菇蕾生长等一系列生理、生化和形态变化会遭遇木霉、链孢霉、毛霉、曲霉、青霉、细菌等 20 多种杂菌、数十种害虫的危害。许多国家对食用菌制订了严格的农药残留限量指标。例如，日本对蘑菇类制订了 48 种农药残留限量指标。食用菌的农药残留主要来源于具熏杀和触杀菇蝇类的成虫、幼虫以及跳虫作用的敌敌畏以及一些杀螨剂。使用物理防治方法有效预防这类病虫害的发生是生产优质安全食用菌的根本措施，因此，利用食用菌病虫害物理防治方法建立的环境安全型菇房才能够满足这一生产目标。食用菌药物残留最大的菇房是首选的环境安全改造对象，参见图 3-32。

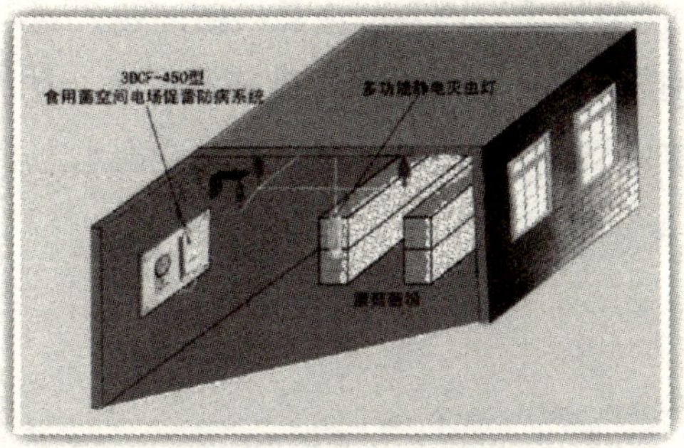

图 3-32　环境安全型菇房

环境安全型菇房采用 3DFC 系列食用菌空间电场促蕾防病系统控制杂菌污染，并利用多功能静电灭虫灯控制菇蝇类的成虫、幼虫以及跳虫，而对螨类则采用牛骨头配合电击杀技术来控制其数量。实践表明，可以完全摆脱违禁农药的使用并大幅度减少其他农药的使用量。而 3DFC 系列食用菌空间电场促蕾防病系统除了具有预防落菌污染的功能以外，还具有很强的食用菌生长调控能力，特别是对香菇菌丝的生长以及菌丝转化为菇蕾的速度具有强烈的促控能力，实践证明它可缩短出菇时间 1/3～2/3 d。

（六）环境安全型水产养殖模式

我国各地水产品市场普遍存在着硝基呋喃类代谢物、恩诺沙星、环丙沙星、氯霉素、孔雀石绿、红霉素等违禁渔药残留，一些水产品所含土霉素超标数倍。有关专家指出，硝基呋喃类药物、氯霉素、环丙沙星等在国际国内均为违禁渔药，如长期大量摄食硝基呋喃类药物，就存在致癌可能。长期食用含抗菌类药物残留的动物食品还将导致致病菌对抗生素的耐药性，从而影响临床疗效。因此只有采用物理防病方法来控制水产品养殖环节的疫病发生与传播，才能够解决水产品的渔药残留问题。利用空气微生物空间电场控制技术、水电解-介导渔礁菌控技术、水底补光技术等物理方法的集成就能够设计出一个环境安全型水产养殖模式。见图 3-33。

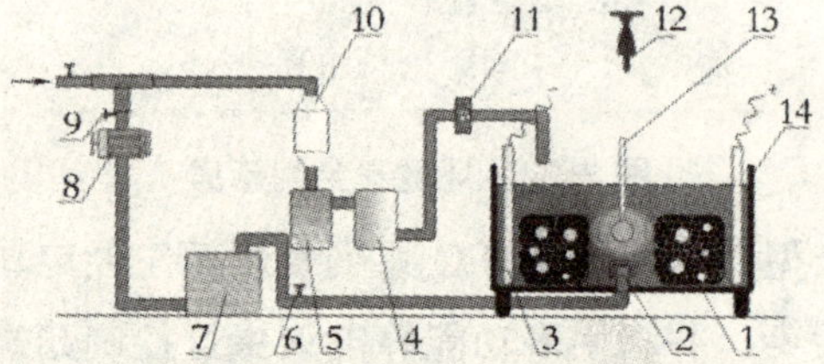

1. 特种鱼礁 2. 废水排放阀 3. 微电解电极 4. 除沫器 5. 微电解处理器 6. 废水回流阀 7. 粗过滤器 8. 循环泵 9. 止水阀 10. 沙滤器 11. 加热器 12. 空气净化自动防疫器 13. LED灯补光 14. 养殖槽

图 3-33　环境安全型水产养殖模式

1. 技术原理

水生动物病害的发生通常是由多个因素综合作用引发的，即与发病原因以及影响健康状况的因素直接相关，如病原微生物的存在、宿主对病原的敏感性、宿主暴露在病原微生物的概率、环境中的毒素、病毒传播载体情况等。

任何自动防疫技术都需要开展病原、宿主、环境、设备四方联合的研究。既要考虑对病原的控制，又要考虑设备对病原宿主的影响，还要考虑设备对环境的作用。海水养殖与淡水养殖有很大的不同，特别是水体理化性质方面的差异，这一差异导致了水处理技术的差异，也就是说对不同的水体有不同的处理模式。如何才能控制好水生动物的病害以及消解理化因素造就的生长障碍是物理农业物理预防技术需要解决的关键问题。

环境安全型水产养殖模式包含了水槽水体微电解技术系统、循环水微电解处理器、空气落菌的空气电净化自动灭菌系统，以及介导鱼礁、LED 灯补光器等。这种技术模式的主要特点就是采用了海水或淡水微电解技术与人工介导鱼礁。将两个惰性电极插在池塘两端，两电极间设置无数个介导鱼礁。当通电的时候，鱼和其他水生动物就会躲入鱼礁内部。鱼礁具有屏蔽电场和电流的作用。在鱼躲入鱼礁后加大电解电压，即可控制水体微生物的数量和氨氮含量，进而实现水质优化。

2. 技术应用

由空气电净化自动灭菌系统、水体微电解技术系统、介导渔礁组成的环境安全型水产育苗室已经开始了海胆、海参、鱿鱼、泥鳅、金鱼的养殖实验，实验观测了水生动物集体健康状况的发病率、感染率、死亡率、致死率等。

（七）试验示范小区装备配套模式

现代物理农业工程技术逐步在全国各地开展，其中，试验示范是起步阶段必须做好的基础工作，要逐步推进。一是所应用的技术要分阶段进行试验、示范；二是试验、示范面积不可太大，应该在小区试验的基础上再进行示范，取得经验后再大面积推广；三是试验技术应该根据不同区域生产条件、技术能力进行组合，尤其是装备的配套应该进行认真遴选组配，并注意将现有的装备进行配套模式的分析、组配。

由于种植业和养殖业在生产方式等方面存在差异，因此需要区别对待。下面分别介绍不同条件的试验小区装备配套方案。

1. 不同种植规模试验示范小区装备配套

(1) 20 栋温室(共 1.33 hm^2)规模方案

本方案详见表 3-37。

表 3-37　20 栋温室规模方案

名称	单价/元	台数/套	投资/元	说明
JL-C声波助长仪	3 000	5	15 000	负担 5 栋温室
3DFC-450温室电除雾防病促生系统	5 000	20	100 000	负担使用面积 450 m^2 以下温室 20 栋；450～800 m^2 温室 10 栋
3DC-660A温室病害臭氧防治机	4 000	10	40 000	负担 10 栋温室
等离子体种子处理机	29 900	1	29 900	负担 20 栋温室
3DT-90土壤连作障碍电处理机	26 000	1	61 000	负担 10 栋温室，每栋温室加 3 500 元附件
共计			245 900	

(2) 50 栋温室(共 3.33 hm^2)规模方案

本方案详见表 3-38。

表 3-38　50 栋温室规模方案

名称	单价/元	台数/套	投资/元	说明
JL-C 声波助长仪	3 000	10	30 000	负担 10 栋温室
3DFC-450 温室电除雾防病促生系统	5 000	20	100 000	负担使用面积 450 m^2 以下温室 20 栋；450～800 m^2 温室 10 栋
3DC-660A 温室病害臭氧防治机	4 000	10	40 000	负担 10 栋温室

续

名称	单价/元	台数/套	投资/元	说明
ZD-300种子处理机	11 900	1	11 900	负担50栋温室
3DT-90土壤连作障碍电处理机	26 000	1	61 000	负担10栋温室，每栋温室加3 500元附件
共计			242 900	

（3）100栋温室（共6.66 hm^2）规模方案

本方案详见表3-39。

表3-39 100栋温室规模方案

名称	单价/元	台数/套	投资/元	说明
JL-C声波助长仪	3 000	10	30 000	负担10栋温室
3DFC-450温室电除雾防病促生系统	5 000	20	100 000	负担使用面积450 m^2以下温室20栋；450～800 m^2温室10栋
3DC-660A温室病害臭氧防治机	4 000	15	60 000	负担15栋温室
CJ-III磁场种子处理机	2 100	1	2 100	负担100栋温室
3DT-90土壤连作障碍电处理机	26 000	1	61 000	负担10栋温室，每栋温室加3 500元附件
共计			253 100	

2. 不同养殖品种试验示范小区装备配套

（1）养猪场（共10 000 m^2）配套方案

本方案详见表3-40。

表 3-40 养猪场配套方案

名称	单价/元	台数/套	总价/元	说明
3DDF-450 畜禽舍空气电净化防病防疫系统	5 000	35	175 000	负担 35 栋 300～400 m^2 的猪舍
3DDC-12 粪道等离子体灭菌除臭系统	4 000	20	80 000	负担 20 栋 300～500 m^2 的猪舍
F 型变频磁化水发生器	3 000	1	3 000	
共计			258 000	

（2）养鸡场（共 10 000 m^2）配套方案

本方案详见表 3-41。

表 3-41 养鸡场配套方案

名称	单价/元	台数/套	总价/元	说明
3DDF-450 畜禽舍空气电净化防病防疫系统	5 000	30	150 000	负担 15 栋 600～800 m^2 的鸡舍
3DDC-12 粪道等离子体灭菌除臭系统	4 000	15	60 000	负担 15 栋 500～600 m^2 的鸡舍
F 型变频磁化水发生器	3 000	1	3 000	
共计			213 000	

需要注意的是，上述所有的技术、装备的配套模式都必须考虑综合性，即现代物理农业工程技术及其装备之间的综合应用，同时还要将这些技术与其他农业技术进行综合，不应该只是单一地应用。比如，天津市农业部门在进行植物保护过程中就将现有的现代物理农业工程技术与其他生物技术进行有机组配，形成全

面的植物保护模式。

2006 年起，天津市农业植物保护部门引进并推广了“杀虫灯＋粘板＋性诱剂＋生物农药”这一蔬菜病虫害绿色防控技术。通过使用这一套综合技术，主要害虫平均防效达 90%以上，农药使用量降低 30%以上，蔬菜品质得到了大大提高。

运用物理防治、生物防治技术，并辅以少量高效、低毒、低残留化学农药防治等手段，对蔬菜病虫害实行有效的防控，彻底改变了以往过分依赖化学农药防治病虫害的做法。“灯＋板＋性诱剂”三种灭虫方法能使害虫减少一大半，再使用核多角体病毒、天然除虫菊素、甲维盐阿维菌素等生物农药，配以科学的农事管理，虫害发生高峰期再使用一些高效、低毒、低残留的化学农药，完全能够达到绿色防控目的。

山东省肥城市采用标准化生产模式推行专业化统防统治，全面应用植物保护绿色防控技术，制定了一整套全程绿色病虫害防控操作规程。

根据操作规程要求，4 月份，肥城市有机蔬菜基地开始使用电子杀虫灯，挂设黄色粘虫板；6 月初，使用性诱剂诱杀成虫；7—8 月份，根据病虫害发生情况按要求使用不同生物农药进行防治，关键时期还要使用白僵菌。蔬菜收获后，清理残茬、整地，减少害虫发生基数。

在山东省肥城市 11 866.7 hm^2 有机蔬菜生产基地，全部实行全程绿色防控模式，共配备 3 000 余盏电子杀虫灯、10 多万张黄色粘虫板，病虫害综合防治率达 95%以上，保障了有机蔬菜的安全生产。451 个基地全部通过了日本 JONA、欧盟 BCS、国际 OCIA 及中国 OFDC 的认证。

（八）现代物理农业工程技术的标准化

标准化是技术发展必备的条件，在现代农业工程技术开发及其推广应用中标准化问题尤为重要。随着技术研发和应用的不断加强，标准化问题已经引起广泛重视。

在生产领域，各生产单位已经制定了大量的产品标准，并在技术监督部门进行登记。在植保技术开发与应用中，已经制定并颁布了国家标准（见表 3-42）。

表 3-42　物理农业工程相关的国家标准

序号	标准号	标准名称
1	GB/T 24689.1—2009	植物保护机械　虫情测报灯
2	GB/T 24689.2—2009	植物保护机械　频振式杀虫灯
3	GB/T 24689.3—2009	植物保护机械　孢子捕捉仪（器）
4	GB/T 24689.4—2009	植物保护机械　诱虫板
5	GB/T 24689.5—2009	植物保护机械　农林生态远程实时监测系统
6	GB/T 24689.6—2009	植物保护机械　农林小气候信息采集系统
7	GB/T 24689.7—2009	植物保护机械　农林作物病虫观测场

在应用领域，各地在技术推广过程中，根据不同区域的自然、农业等条件，也已经制定出相应的技术规程，经过一段时间的验证，将可以升级为地方标准。其中，江苏省无锡市已经制定了声波助长使用的地方标准。

随着技术进步的加快，现代物理农业工程技术各个环节对标准化的需要将日益迫切，标准化的作用将愈加重要。

四、现代物理农业工程技术应用实践

（一）全国推广应用情况

随着技术研究和装备开发的不断深入，现代物理农业工程技术也由理论研究和试验研究阶段逐步走向推广应用阶段。从全国范围来看，推广应用的技术主要有种子处理技术、电子杀虫技术、空间电场防病促生技术、声波助长技术。

1. 种子磁化技术

目前，该技术主要在辽宁、天津等省市推广应用。对照试验证明，磁化种子发芽快，比未磁化种子早出苗 1～2 d，作物后期生长情况均优于未磁化种子；粮食作物增产幅度在 10%左右，蔬菜平均增产幅度在 10%以上。

表 3-43 是辽宁省对不同玉米品种的种子进行磁化试验的对比数据。由 3-43 可以看出，玉米种子磁化田的产量、出米率、百粒重比玉米种子未磁化田均有所增加，玉米种子磁化田平均产量比玉米种子未磁化田产量增加 11%。

表 3-43　不同玉米品种种子磁化与未磁化产量对比表

项目	东单 4315		东单 90		辽新一		辽新二		隆迪 208	
	磁化	未磁化	磁化	未磁化	磁化	未磁化	磁化	未磁化	磁化	未磁化
面积/m^2	60	60	60	60	60	60	60	60	60	60
产量/kg	51.90	45.76	48.99	44.82	44.02	39.81	46.70	42.13	46.89	42.29
折合公顷产量/kg/ hm^2	8602.5	7630.5	8169.0	7473.0	7341.0	6637.5	7786.5	7024.5	7819.5	7051.5

续

项目	东单 4315		东单 90		辽新一		辽新二		隆迪 208	
	磁化	未磁化	磁化	未磁化	磁化	未磁化	磁化	未磁化	磁化	未磁化
出米率/%	83.5	52.1	84.5	83.4	81.5	81.3	82.4	81.1	81.8	80.9
百粒重/g	42.8	40.7	39.8	31.6	35.6	33.4	35.8	34.7	34.7	33.5
对比增减/%	12.7	—	9.3	—	10.6	—	10.8	—	10.9	—

数据来源：2006 年辽宁普兰店对比试验数据。

2. 等离子体种子处理技术

目前，等离子体种子处理技术主要在吉林、黑龙江、湖北等省份推广应用。2004 年，吉林省开展等离子体种子处理技术试验示范工作，之后扩展到黑龙江、湖北、辽宁等省份。2006 年，长春市共处理种子 72 000 t，播种面积达到 4.5 khm^2。2008 年，吉林省重点向粮食主产区推广等离子体种子处理技术，全年推广等离子体种子处理机 300 台，播种面积 200 khm^2，粮食增产 120 000 t；黑龙江推广面积约 1.73 khm^2。2009 年，黑龙江省设立 300 个试验示范点，投放等离子体种子处理设备 300 台，推广约 200 khm^2。

应用效果表明，等离子体种子处理技术对多种农作物有显著的增产效果，水稻可增产 10%～15%，玉米可增产 8%～12%，大豆可增产 15%～20%，花生可增产 20%～30%，香瓜可增产 25%～40%；而且作物品质显著改善。

3. 电场种子处理技术

1997 年，国家科委向全国推荐使用电场种子处理技术。十多年来，电场种子处理设备已在全国大部分省市推广应用。据粗略统计，推广面积达上万公顷，处理各种粮食、蔬菜、瓜果和花卉等几十种作物种子，普遍增产10%左右，其中，棉花最高增产达25.5%，小麦最高增产达19.7%，水稻最高增产达17.6%，大豆最高增产达22.5%。

4. 电子杀虫技术

20世纪60年代，我国就开始推广黑光灯杀虫技术，随着技术的不断完善，装备生产种类的不断增多以及生产规模的扩大，电子杀虫技术已经在全国30多个省、市、自治区推广应用，应用范围覆盖到有害虫侵害的农、林、牧、渔等多个领域。

5. 空间电场防病促生技术

目前，畜禽舍空间电场防病促生设备已在辽宁、浙江、江苏等十几个省市推广，主要应用于大型养殖场。由于其防疫效果显著，环境改善明显，设备运行稳定，因此很多养殖企业采用此技术改造畜禽舍环境。

温室空间防病促生技术目前主要应用于农业园区，防病效果甚佳。

食用菌空间电场防病促蕾设备在浙江、福建推广较多，主要是小规模食用菌场。

6. 声波助长技术

目前，声波助长技术已在天津、山西、北京、山东、辽宁等地的几十种蔬菜、花卉和果树上进行示范推广。应用效果表明，该技术可以提高作物生长速度，能促使作物发育速度加快、茁壮生长，并使作物提前上市；使作物坐果多，果实大，增产10%以上；使产品品质提高，含糖量增加；防治作物早衰，延长盛果期，有利于绿色食品的生产。

（二）典型省份推广应用情况

目前，大连、天津的现代物理工程技术推广应用发展较好，走在了全国的前列。

1. 大连市

辽宁省大连市从 2003 年开始发展现代物理农业，研制出 3 大类 10 余种技术装备，主要装备有用于种植业的空间电场/二氧化碳同补系统、电子杀虫灯、温室病虫防治机、烟气电净化二氧化碳气肥增施机等；用于食用菌种植的空间电场促蕾防病系统和接种房电净化洁净系统；用于畜禽养殖的装备有 3DDF 系列畜禽舍空气电净化自动防疫系统、畜禽舍进排气电净化灭菌消毒系统。其中，畜禽舍空气电净化技术、土壤连作障碍处理技术先后被列入农业科技成果转化基金资助项目和国家“星火计划”重点资助项目。一系列的科技成果转化项目及其资金的支持，有力地推动了大连市现代物理农业的发展。

2004 年，大连市开始试点推广种子磁化技术，之后，每年都将现代物理农业技术作为重点支持项目（表3-44）。

表 3-44　大连市部分现代物理农业装备推广情况

年份	种子磁化机/台	声波助长仪/台	电子杀虫灯/台
2005	1 000	250	5 000
2006	1 000	250	3 000
2007	1 000	580	2 500

数据来源：2005—2007 年大连市农机化工作总结。

2005—2006 年，连续两年将种子磁化技术、声波助长技术、电子杀虫技术作为重点推广的农业增产技术，投入资金 600 多万元。2005 年，大连市推广的 1 000 台种子磁化机分布在 1 000 个行政村，春播生产期间共磁化种子 4 580 000 t，播种面积约 93.3 khm^2，占粮食播种面积的 40%；声波助长仪应用面积约 33.3 hm^2。2006 年，继续推广种子磁化机 1 000 台、电子杀虫灯 3 000 台、声波助长仪 250 台。之后每年都加大现代物理农业装备的推广力度。2007 年和 2008 年推广各类装备 4 000 余台套。期间，有关部门还组织农技人员、乡镇负责人及农业科技带头人等参加现场观摩会，为大规模推广应用奠定了基础。

测产表明，应用种子磁化技术，玉米、水稻、大豆、小麦、花生等作物平均增产 11%～16%。果园和农田应用电子杀虫灯后，杀虫率达到 80%～90%，每年可减少使用杀虫剂 3～5 次，节省投入 600～900 元/hm^2，优质果率提高 20%左右。声波助长技术能促进农作物快速生长，各种作物增产均在 20%以上，普遍早熟一周，病虫害减少。果类蔬菜和水果的口感好，甜度明显提高。每年为农民增收 5 亿多元。

空间电场防病促生长技术、土壤连作障碍电处理技术等技术也得到推广应用。空间电场防病促生长技术主要应用于畜禽舍、植物温室、食用菌棚中。应用表明，猪舍应用后，猪的气喘病发病率由 40%～60%降到 3%左右，仔猪的成活率提高了 10%。在温室葡萄和草莓种植中，空间电场防病促生长技术可有效提高果实糖度，在预防葡萄黑痘病、白霉病和草莓白粉病、灰霉病方面效果显著。

土壤连作障碍电处理技术使温室作物产量提高 20%以上，每个温室仅此一项每年可平均增加收入 2 000 元以上。

2. 天津市

20世纪80年代，天津市就自主研发黑光灯技术，主要用于池塘养鱼，由于应用效果显著，因此深受渔民欢迎。多年来，天津市致力于设施农业发展，在日光温室节能建造等方面做了大量工作。日光温室的建设基本遵循物理学中的热学思路，是物理学在农业上的应用，是现代物理农业工程的一个典范。另外，多年的农业实践表明，在农业生产中应用低毒、高效、无害的物理方法防治病虫害已成为现代农业的特征之一。

2005年，天津市农机部门正式系统发展现代物理农业，引进种子磁化技术、声波助长技术、电子杀虫技术、空间电场防病促生技术、土壤电消毒处理技术等技术，在西青、北辰、津南等11个涉农区县开展试验示范和推广工作（表3-45），采用科技项目带动战略促进了天津市现代物理农业的发展，取得明显成效，并且率先提出了推广普及现代物理农业工程技术与装备的设想。截至2009年底，全市推广面积累计超过600 hm^2，建立示范点36个，培训科技人员及农民1 000余人次。

表3-45 天津市现代物理农业装备推广情况

装备名称	推广数量/台套	累计推广面积/hm^2
种子磁化设备	15	175
声波助长设备	75	60
电子杀虫设备	1 049	365
温室电除雾设备	119	6
畜禽舍空间电场防病防疫设备	52	—
土壤连作障碍处理设备	4	—

数据来源：天津市农业机械推广总站。

天津市将以上技术应用在温室蔬菜种植和畜禽养殖中，经过4年的试验、示范和推广工作，开展对比试验，掌握第一手数据资料，各项技术均取得良好的应用效果（表3-46）。

表3-46　天津市现代物理农业工程技术应用情况

技术名称	主要应用范围	主要应用效果
种子磁化技术	大田作物种子处理	出苗率提高20%；苗齐、苗壮；作物增产10%以上
声波助长技术	蔬菜种植	叶菜类：增产10%～30%；果菜类：增产10%～20%；蔬菜品质明显提高；促进果实早熟，提前5～7 d上市
电子杀虫技术	蔬菜种植	诱杀各种害虫、飞虫50余种；平均每茬蔬菜少打农药2～3次；蔬菜优质率提高20%左右
温室电除雾技术	温室蔬菜种植	除雾效果明显；防病效果显著；增产20%以上；提高果实品质；节省农药投入6 000元/hm^2；产品价格提高0.2～0.4元/kg
畜禽舍空间电场防病防疫技术	鸡舍、猪舍	畜禽重量平均增加4%；死亡率平均减少33%；肉料比平均减少7%

资料来源：天津市农业机械推广总站。

应用效果表明，采用种子磁化技术可提高作物产量10%以上；声波助长技术、电子杀虫技术、温室电除雾技术可以促进作物生长，提高蔬菜的产量和品质，减少化肥、农药的施用量，还可促进作物早熟，实现温室蔬菜生产的节本增效；畜禽舍空间电场防病防疫技术可有效改善畜禽生产环境，提高畜禽产品质量，节省疫药投入。

天津市还将现代物理农业工程技术推广应用到温室观赏作物中。西青区杨柳青果蔬博览园是一个大型的现代化温室示范园区，有4栋大型的玻璃温室，每个温室平均占地5 000 m^2，主要用于发展观光农业，供游人参观，温室全部实行现代化管理，可以设置适合于不同植物生长的温室环境，为此，设计者为每栋温室设置不同的主题，进而种植不同的高档观光作物，使得室内景致优美，别具一格。

2008 年，该园区为所有温室安装全套的现代物理农业技术装备，4 栋大型连栋玻璃温室（占地 2 hm^2）安装全套的现代物理农业装备，一共安装了 148 套物理农业装备，其中包括温室电除雾防病促生系统 80 套、温室病害臭氧防治机 40 套、光控液化二氧化碳增施系统 4 套、硫磺熏蒸器 24 套。

这些设备的投入使用有效地解决了温室内湿度大、雾气重、空气质量差等问题，而且使得室内环境更加美观。它为现代物理农业工程技术在大型连栋温室中的应用提供了首个示范样板工程（图 3-34）。

图 3-34　现代物理农业装备在大型温室中的应用

现代物理农业装备的安装，不仅解决了由于室内湿度大、雾气重、空气质量差而引起的植物生长迟缓等诸多封闭环境障碍问题，而且还有效控制了大型连栋温室中存在的空气病原微生物多和植物病虫害严重等问题，从而为发展大型连栋温室农业提供了一个崭新的物理控制模式样板。另外，安装这些设备使得室内环境更加美观，目前已全部正常运转并投入使用。

杨柳青果蔬博览园是目前全国最大的一个物理农业技术示范基地，也是物理农业工程技术在全国推广应用的样板工程。

在实践中，天津农业机械科技人员还探索出一些现代物理农业工程技术组配综合利用的技术模式，这对技术综合效益的发挥起到了积极的作用。

（1）应用方案

天津市现代物理农业工程技术配套应用方案如下：

①大田作物配套方案

大田作物种子经过处理后进行播种以提高种子发芽率、发芽势；在田间放置电子杀虫灯以灭杀害虫；用植物声频助长技术来提高作物产量和品质。配套方案如下：

- ✓ 土壤消毒技术
- ✓ 种子处理技术
- ✓ 电子杀虫技术
- ✓ 植物声频助长技术

②温室配套方案

使用土壤消毒技术防治温室中的土传病害；使用温室电除雾防病促生技术防治温室中的气传病害；作物种子经过处理后进行播种提高种子发芽率、发芽势；放置电子杀虫灯防治灭杀害虫；通过植物声频助长技术提高作物产量和品质。配套方案如下：

- ✓ 土壤消毒技术
- ✓ 温室电除雾防病促生技术术

✓ 电子杀虫技术
✓ 植物声频助长技术

③畜禽舍配套方案

使用畜禽舍防病促生技术和病害臭氧防治技术对畜禽舍内整体空间进行空气净化，灭杀病原微生物。配套方案如下：

✓ 畜禽舍防病促生技术
✓ 病害臭氧防治技术

从2007年起，天津市将部分现代物理农业装备纳入天津市财政农业机械购置补贴目录中，有力地推动了天津市现代物理农业的发展（表3-47）。

表3-47　天津市现代物理农业装备购置补贴目录（2008年）

装备名称	产品型号	销售价格/元/台套	财政补贴金额/元/台套
电场种子处理机	ZD-300	25 500	7 650
	ZD-1200	118 000	30 000
	ZD-2400	164 000	30 000
等离子体种子处理机	DL-2	29 800	8 940
磁场种子处理机	CJ-III	1 600	480
声波助长仪	JL-C	2 800	840
畜禽舍空气电净化防病防疫系统	3DDF-300	2 800	840
温室电除雾防病促生系统	3DFC-660A	26 000	7 800

资料来源：2008年天津市政府农机具补贴购置指南。

（2）应用实例

以下介绍现代物理农业工程技术在天津市的一些应用实例。

①声波助长技术的应用

天津市北辰区大张庄镇张五庄村菜农吴某种植芹菜，使用声波助长技术后发现，在同等生产条件下，应用菜棚中的蔬菜要比对照棚增加 450 kg，产量增幅达 19.1%；宜兴埠镇宜兴埠村宋某种植油麦菜，使用声波助长仪近 1 个月，每畦产量比对照田增加 15 kg，产量增幅达 30%；青光镇韩家墅村田种强种植黄瓜，使用声波助长仪的菜棚，比对照棚增产 800 kg，产量增幅达 20%；双口镇岔房子村王德田种植葡萄，同等生产条件下，试验棚比对照棚增产 175 kg，产量增幅达 40%。

天津市宁河县板桥镇赵学村示范点王兆江西红柿棚使用了声波助长技术。定植后 1 月 7 日使用至 5 月 25 日采摘结束，每天从早 8 点至 10 点使用 2 h，共使用 139 d。经声波技术处理后的西红柿，株高增加 10%，茎粗增加 6%，经蔬果每株坐果率小于 25% 的情况下，每个果增重 16%，应用棚每公顷产量 105 000 kg，对照棚亩产量 6 200 kg，其增产率 12.9%。由于应用棚西红柿上市早，每千克价格高出平均价 0.5 元，每公顷增收 37 800 元，增收率达 21.4%。

②空间电场技术的应用

天津宁河县造甲镇华绿科技示范区、板桥镇赵学村示范区应用空间电场设备进行了试验。在赵学村王某在二代温室种植黄瓜，2006 年 9 月 15 日定植黄瓜，一周左右后（缓苗期过后即 9 月 23 日）开始使用空间电场技术，10 月 30 日停止，共使用 37 d。试验表明，空间电场解决了温室的高湿问题，控制了病害的发生与传播，促进了植物的光合作用，加强了蔬菜对肥料的吸收，因而节省大部分农药，并延长蔬菜的生育期，增产效果明显。试验温室黄瓜产量 2 770 kg，对照温室黄瓜产量 2 392 kg，增产 378 kg，增产率 15.8%；试验温室共收入 3 508 元，对照温室收入 2 999 元，增加收入 509 元，增效 17%（平均 1.27 元/kg）提前上市 5 d，延长了 3 d 采摘期。

天津市蓟县农民赵振阔、宋爱民两个西红柿大棚的对比试验表明，使用空间电场大棚从未发生西红柿疫病，而对照大棚从西红柿定植开始疫病就持续发生，打药十余次。空间电场技术可以促进增产，示范大棚单产达到 162 000 kg/hm^2，而对照棚单产为 124 500 kg/hm^2，每公顷增产 37 500 kg，增长 30%。同时该技术还可以提高农产品品质。使用空间电场防病促生技术后，所产果品果形端正，色泽光润，规格整齐。由于减少甚至免除了农药使用，因此达到了绿色或有机产品要求，产品市场竞争力增强。

天津市西青区南河镇阎庄肉鸡养殖场共有四栋鸡舍，在其中一个鸡笼上方安装了两组 3DDF-660 型畜禽舍空气电净化自动防疫系统，在粪道安装了四组 3DDF-60 型畜禽舍空气电净化自动防疫系统。试验证明，安装了畜禽舍空气电净化自动防疫系统的鸡舍能够有效抑制有害病菌的传播，提高畜禽舍内的空气质量，能够使畜禽在更加安全的环境中生长，降低畜禽死亡率和料肉比，从而达到农产品增值、农民增收的效果，提升养殖业现代化的水平，推进绿色、环保型养殖产业化进程。

（3）显著效益

现代物理农业工程技术在天津应用取得了显著效益，表现在以下几个方面：

①提升了天津市现代化设施装备水平

几年来，全市累计推广各类物理农业机具 451 台，完成示范面积 207.87 hm^2，并且率先提出了推广现代物理农业工程技术与装备的设想。在 2006 年 11 月和 2010 年 3 月两次举办“全国现代物理农业工程技术发展研讨会”，培养出全国首位研究物理农业工程技术的硕士研究生，成为率先宣传和推广应用现代物理农业工程技术的热点和焦点地区，显著提升了天津农机系统在全国的影响力，受到各界的广泛关注。天津走在了全国的前列。

②经济效益显著辐射带动作用明显

物理农业工程技术在天津市借助科技项目实施，已在全市 11 个农业区县得到推广应用，在全市农机推广系统建起了推广网络体系。近年来，现代物理农业工程技术的应用，带给农业生产明显的试验示范结果：蔬菜产量平均可提高 16.5%，节本增效 22.1%，蔬菜产品达到国家无公害蔬菜标准。相关的现代物理农业工程科技项目实施 2 年，完成示范面积 150.53 hm^2，辐射面积 57.33 hm^2，累计新增经济效益 1 155.3 万元。其中，项目实施区新增蔬菜总产量 6 036 000 kg，累计节本增效 970.5 万元，辐射区新增蔬菜总产量 1 149 000 kg，累计节本增效 184.8 万元。

③创新了现代农业技术模式和应用体系

现代物理农业工程技术理念改变了“以药治病”的传统农业模式，将物理技术和高新技术应用在种植业和养殖业生产中，减少了化学药物对农产品的污染，实现了农产品绿色、无公害生产，推动了绿色、环保、节能低碳型、生态型农业的发展，为农业发展开辟了新思路，创新了技术理念和应用模式，具有非常重要的现实意义。

3. 无锡市

江苏省无锡市从 2004 年就开始引进物理农业技术进行试验

示范，通过建立试验基地的方式，将声波助长技术运用到水蜜桃、翠冠梨、精品西瓜、葡萄、玉米、小黄瓜、小青菜等农作物的生产中。到 2009 年，全市现代物理农业技术试验基地总面积已超过 666.67 hm^2，先后投入了 30 多台声波助长设备。

两年多的试验表明，采用声波助长技术后，农作物产量至少提高一成，品质也更好。其中，阳山水蜜桃成熟期提前了 8 d，糖分提高近 2%。

并且，无锡市农机推广站和江南大学科技园合作成立了无锡市现代物理农业技术装备实验室。该实验室是个公益性、开放式的实验室。目前，已有 3 名高级工程师、2 名研究员、2 名教授加盟。实验室将把最新、最先进的现代物理农业技术尽快运用到无锡市的高效农业和特色农业生产中，帮助当地农民增产增收。

（三）取得的成效

目前，我国现代物理农业在技术研究与装备研发推广方面取得长足进展，技术种类和装备数量均有大幅增长，并且取得良好的经济、生态和社会效益。

1. 经济效益

现代物理农业的经济效益取决于应用技术是否节约成本，增加产出。现代物理农业可以减少化肥、农药、种子等农业资源的投入，而且与化学农业相比，现代物理农业可进一步提高作物的产量（增产幅度在 10%～50%），提高农产品品质，促进作物早熟，提高农产品市场竞争力，从而有效增加农民收入。在农资价格居高不下、绿色无公害食品备受青睐的今天，现代物理农业的经济效益将更加凸显。

另外，部分现代物理农业装备还可通过提供服务增加农民收益。以等离子体种子处理机为例，1 台等离子体机一个春播作业期间（以 20～25 d 计算）可以处理种子 750 000～900 000 t，收取加工费 0.36～0.40 元/kg，约一个月的时间，此项服务可收入 3 万元左右，扣除成本，收入可达 1.5～2 万元。

2. 生态效益

如今，我国农业所面临的农业生态环境问题越来越严重。有关专家多项研究结果显示，目前，我国 30%人口的饮用水受到氮和磷的污染，61%的湖泊富营养化。1998 年全国发生 22 次“赤潮”。这些环境问题与化肥、农药的不合理使用有很大关系。不仅如此，而且盲目地、不合理地使用化肥和农药，还会引起土壤板结、有机质含量减少等问题。与化学农业技术相比，现代物理农业工程技术可以有效保护农业生态环境，使用现代物理农业工程技术能够减少化肥农药的使用量，减轻农业化学物质造成的污染，特别是对农村水资源、土地资源的污染。同时，现代物理农业工程技术不仅可以全面有效地防治作物生长中的病害和虫害，而且还可以改善农业生产环境。

3. 社会效益

现代物理农业的社会效益主要是指物理技术和农业生产的结合应用对农业及相关产业的影响。发展现代物理农业可以提升农业机械装备水平，从而为提高农业先进生产力和改善农民生活质量提供服务。一些地区依托先进适用的现代物理农业装备来建立高新农业示范区以及发展以观光农业为特色的现代化高效农业产业，加速农业结构调整与传统农业产业的全面改造，加快了农业产业的升级、农业技术水平改造和农民素质的提高。提高农业产出和农民收入，进而提高这部分农民的生活水平和社会地位，有利于解决我国“三农”问题和全面建设和谐社会。

第四章　现代物理农业工程发展分析

一、现代物理农业工程技术体系发展影响因素

现代物理农业工程技术体系作为一个开放的系统，它的发展不是孤立的，会受到多种因素的影响，包括技术、政策、经济等诸多方面；物理科学与农业生产过程的融合包含了物理因素的农业应用和物理技术的农业应用两个主要方面。这些因素相互联系、相互影响。本章拟深入分析研究我国现代物理农业工程技术体系发展的影响因素，为我国现代物理农业的发展奠定理论基础。

（一）技术因素

现代物理农业工程技术体系的发展与当今科学技术的发展是密切相关的。其发展水平归根结底取决于现代物理农业相关理论与技术的发展。当前影响现代物理农业工程技术体系发展的技术因素主要有基础理论研究水平、技术产业化程度、装备生产水平、装备应用环境等方面。

1. 基础理论研究水平

现代物理农业工程技术的基础理论研究水平对现代物理农业的发展有着决定性的作用。但目前的研究水平还相对滞后和不足，部分研究还处于“感性”认识阶段；技术的增产增效机制还有待

从科学理论上得到验证，亟待相关科学技术研究的突破。问题的主要原因：

一是现代物理农业学科研究分散。研究内容、研究成果、研究队伍的分散导致我国物理农业的低水平重复研究现象严重，深入研究能力不够，后劲不足。

二是现代物理农业的基础理论研究本身难度大。影响作物生产的因素很多，既有作物本身遗传因素的制约，也有环境条件和栽培技术等因素的影响，很难确定到底是哪一个因素在起作用，而且试验时间一般都需要几年甚至更长时间。

三是基础理论研究经费支持不足。基础理论研究需要的资金大，而且花费时间长，风险高。如今，受市场利益驱动，不少研究单位的研究重点转向可以较快带来经济利益的产品应用开发，使得短期内难以带来经济效益的基础性研究得不到应有的重视，研究经费难以得到长期稳定的支持，所占比例逐渐下降，理论基础研究和应用开发比例失调。

这些因素对我国现代物理农业的发展是极为不利的。

2. 技术产业化程度

如今，越来越多的物理技术被引入农业生产当中，出了不少科技成果，然而，在实际农业生产中得到真正推广应用的成果却不多，且没有发挥其有效作用。问题的主要原因：

一是科研单位技术产业化能力薄弱，无法使技术大面积推广应用。

二是科研单位缺乏市场意识，和生产企业联系不紧密。一方面，不少科研成果鉴定之后便束之高阁，或停留在实验室研究中，或处于试验阶段；另一方面，装备生产企业因得不到所需的新技术而无法提高生产装备的技术含量。

三是农业科技成果转化为直接生产力的周期长、见效慢。这使得现代物理农业工程技术产业化水平低，整体发展速度慢，各项技术的发展水平参差不齐。在技术装备开发上，有些装备研发应用已经成熟，并实现批量生产，而有些技术还处于试验研究阶段，且多数是单一技术的应用，难以达到综合应用效果，不利于现代物理农业工程技术体系的发展完善。

3. 装备生产水平

经过多年的研发、试验、定型和推广，现代物理农业装备的质量和性能趋于成熟，基本可以满足农业生产的要求。然而，在装备的生产发展过程中，生产企业的数量增加较快，而不同企业的技术水平参差不齐，特别是装备质量，还存在一些问题。

一是有的企业生产水平比较低。现代物理农业装备总体上工艺工装还比较落后，远没有实现流水线作业生产，无法实现规模化、专业化的生产。在这种情况下生产出来的装备的技术质量差异较大。

二是装备生产的标准化程度低。现代物理农业装备生产企业在装备设计和生产中对装备的通用性考虑不够，不同企业生产的现代物理农业装备的工作部件和零配件的互换性很低，售后维修服务和零配件供应成本高、难度大、时间长。

三是装备性能有待提高。许多装备的技术参数还有待优化，产品性能结构还需要进一步完善。

四是售后服务不健全。由于一些现代物理农业装备生产企业规模小，企业的技术和售后服务人员较少，因此在这些企业中仍然存在着不同程度的重生产销售、轻售后服务的现象。

4. 装备应用环境

现代物理农业装备适用范围广，已广泛应用于种植、养殖、园林等不同生产领域，在一些基础设施和管理到位的环境（例如大型智能化温室等），现代物理农业装备一般都可以得到良好应用，效果甚佳。然而，在一些基础设施差、管理比较粗放（例如电压不稳）的作业环境，现代物理农业装备则难以发挥它的有效作用。

（二）政策因素

1. 国家科技投入的导向性

农业是一个社会效益高、经济效益低的弱质产业，在市场机制作用下，光凭农业的自身积累是难以得到并普及最先进的科技成果的，所以必须得到政策的支持。

长期以来，我国重视农业的基础地位作用，然而，我国农业科技贡献率低，仅为 45%左右，与发达国家相比，要低 20～30 个百分点。农业科技投入长期不足，农业装备水平落后，农业科技水平与世界发达国家相比仍有较大差距，这也导致我国农业科技始终在低水平徘徊。之前，国家对现代物理农业工程技术研究的支持与引导不够，农业科技高级人才缺乏，缺乏对农业物理学和农业生产学基础问题的深入探讨，导致我国现代物理农业的发展层次低，后劲不足。

近几年，国家将农业问题提高到前所未有的高度，连续 6 个中央一号文件都是关于农业发展问题的，旨在改变农业虽然是我国的第一产业，但又一直都处于弱势产业的现状，进而实现农业现代化。

同时，农业科技投入力度也在不断加大。据统计，2007 年由农业部组织实施的科技、教育、环境和能源项目的经费投入超过 50 亿元。在新的政策背景下，现代物理农业工程技术也得到国家农业科技投入的大力支持，一批现代物理农业科研项目列入国家的农业科技投入计划或得到国家重点科技项目的资助。而且，从近几年的发展情况看，国家开始加大包括现代物理农业工程技术在内的农业科技的支持力度，政策支持的导向性越来越明显。

2. 政府重视程度

现代物理农业工程技术与装备的推广应用离不开政府的支持。比较各省市现代物理农业的发展状况，可以看出，现代物理农业发展越好的省份往往也是政府重视和财政投入力度越高的省份。

大连市政府对现代物理农业装备研发及技术推广予以高度重视，专门出台相应的现代物理农业工程技术研发推广的扶持政策，下达科研项目，投入专项资金，为推动现代物理农业大规模的发展奠定了基础。

天津市在政府部门的大力支持下，依靠多项科研和农业技术推广项目来推动现代物理农业工程技术的发展，并将部分现代物理农业装备纳入市财政农业机械购置补贴目录中。

北京、新疆、山西、山东等省市政府和农业主管部门也开展了相关科研项目。

但从目前全国的现代物理农业的发展情况来看，尚未形成全国性的统一的整体支持措施，没有在全国同步推进的现代物理农业工程。各省份基本依靠地方项目，项目比较分散，而且政府支持力度远不及其实际发展的需要，一旦项目停止，实施效果难以得到巩固。

（三）经济因素

1. 农民收入水平

在市场经济条件下，农民已经成为农业装备投资的主体，农民都知道增加农业生产过程中的科技含量能提高农业产出，但是任何技术要素需要农民资金投入，而农民的收入水平又总体偏低，农民要想获得农业新技术、新装备，却没有足够的资金支持。相对而言，农业经营收入条件较好的农户更容易接受现代物理农业工程技术，因为他们有较强的风险承受能力。

现代物理农业装备是一项长期的投入，装备使用期长，按照装备折旧计算，每年的装备投资额并不大。但是，现代物理农业装备的价格高，一次性投入较大，这一因素仍然是目前现代物理农业工程技术推广普及面临的最大阻力。

2. 成本效益

农民采用现代物理农业工程技术的预期收益，即投入产出比，是构成技术有效需求的动力。我们在调研中了解到，农民十分注重农业新技术投入品的价格与农产品销售价格的关系。在应用农业新技术、新装备前，农民要算一笔账，他们往往要先预测农产品的预期销售价格，而不会盲目地增加农业科技投入或生产投入。如果增产不增收，他们就不会轻易投入。

我们在调查中发现，不少农民有意愿尝试采用现代物理农业工程技术，但不愿意出资购买设备。目前，市场上存在的农产品价格低廉的表象，实质上是农产品生产比较效益低，这种偏低的农产品比较效益因素影响了农民采用现代物理农业工程技术的积极性。相对而言，种植经济作物的农民比种植粮食作物的农民更愿意接受现代物理农业工程技术。

3. 经营规模

户均农地规模和经营状态会影响农民技术投资的积极性，影响农民对现代物理农业工程技术的有效需求。我们在调研中发现，有些农民认为即使现代物理农业技术有效，也不愿意去投资，因为较小的经营规模使得收益增加有限。因此，现代物理农业工程技术在农场、合作组织、种养殖大户应用多。

目前，易被农民接受的农业新技术还是效率比较高、成效比较明显的良种和新农药，这是因为它们不打乱农民现有的生产模式，不需要农民提供其他配套生产条件。现在不少农村基础设施比较薄弱，水、电、路等基础设施建设滞后，也制约了农民对现代物理农业工程技术的采用。

二、现代物理农业工程技术发展方向

随着国家食品安全委员会的成立，食品安全问题由过去的技术经济层面上升到了国际政治层面，现代物理农业也成为国家建立食品安全生产体系源头——农业安全生产的方式之一，相关技术与设备均纳入了农业机械化管理范畴，设备已经进入农业机械补贴目录，因此，现代物理农业工程技术的发展遇到了前所未有的好时机，现代物理农业工程技术的相关模式将会有更加广泛的应用。

目前，我国现代物理农业工程技术处于试验示范阶段，现代物理农业工程技术的研究和应用尚处于一种探索和资料积累的初期阶段，研究队伍分散且分属于不同学科，人们对现代物理农业工程的认识也是片面的、不完整的，这对大范围推广现代物理农业工程技术是一个很大的障碍。在一段时间里，我国现代物理农业工程技术体系发展总的趋势将是重视现有技术和装备的推广应用；从基础理论、实际应用和对人体、对环境的影响等方面开展研究和评估，逐步形成高新技术产业，发展适宜我国国情的现代物理农业体系。

在各方面的努力推动下，现代物理农业工程技术已经引起广泛的关注，很多大专院校、科研院所和生产企业开始投入研究，发展前景十分可喜。

（一）现代物理农业工程的发展趋势

现代物理农业工程体系将逐步健全，技术理论基础将不断深化，技术开发将不断加速，技术应用将不断扩展。应该结合不同学科对物理农业工程技术研究成果，运用管理统计学、运筹学、模糊数学等学科的理论方法对现代物理体系进行全面客观的评价，为现代物理农业的大发展提供理论支持，同时促进各学科交融，促使现代物理农业向更成熟的方向发展。

1. 技术研究向专业化方向发展

现代物理农业是科学技术发展的必然结果，是农业现代化的必然趋势。随着现代物理农业学科建设的完善，相关技术研究将不断深入，朝专业化方向发展。另外，相关学科的技术进步必将推动现代物理农业工程技术的发展，现代物理农业将得到更全面、更充分的技术支撑。

2. 装备开发生产向集成化、标准化方向发展

随着国民经济的快速发展和人民生活水平的提高，人们对农产品的质量提出了更高的要求，也对现代物理农业装备的开发生

产提出了更高要求。为提高装备利用率、扩大装备用途、增加作业范围，功能集成化将是今后现代物理农业装备开发的方向。现代物理农业工程技术的推广应用也必将推动现代物理农业装备生产的标准化，因此，强化装备的标准化程度，提高装备的质量稳定性是现代物理农业装备制造企业发展的重点。

3. 由单项技术开发应用向体系化方向发展

随着现代物理农业工程技术与装备的不断改进与完善，作业效果得到更多农民的认可，不论在技术开发还是装备应用上，都将由单项技术应用向体系化方向发展，由解决某单一生产环节问题向全程应用方向发展。另外，在已形成的技术示范区、示范基地的基础上，技术应用将向规模化、产业化方向发展。

（二）现代物理农业工程技术研究方向

我国现代物理农业工程技术应用与装备开发还处在研究与示范相结合的阶段。基础理论研究还不完善，应用研究还有待更科学化和规范化。

一方面，技术体系有待进一步健全。目前技术内容及其应用范围还十分有限，随着研究的深入，激光技术、核技术等更多的物理技术也将开始应用于农业生产之中。

另一方面，技术研究需要进一步深化。对技术基础理论的研究将更精确，对各项技术的正负两方面的影响的研究将深入，包括对技术对生物体、对生产环境以及对人的影响的研究。整个研究从目前的定性向量化方向发展，对技术应用给环境、人身的影响确立评价指标，在此基础上逐步形成现代物理农业工程的评价体系。尤其需要进行现代物理农业工程技术与人体健康的相关性分析，现代物理农业工程技术对植物生长的影响因素分析，各种现代物理农业工程技术的效率测度，要运用运筹学中的多目标评价和模糊评价相结合的方法，对各种物理农业技术进行综合评价、排序，形成现代物理体系评价系统，从而为制定现代物理农业方案提供科学依据。

1. 关于技术的不利影响的研究

关于技术的不利影响的研究应该包括下面几方面：

（1）现代物理农业技术与人体健康的相关性分析

就是基于统计数据资料，研究电、磁、声、光、热等物理学技术的不同实施程度与人体各项生理指标之间的相关性。并在此基础上，进一步分析各种物理农业技术对人体健康的影响。

（2）现代物理农业技术对植物、动物生长的影响度分析

在单独或组合应用各种物理农业技术的条件下，观察动植物生长的各项指标，如产量、生长发育期、抗病性能等，采用统计分析的方法研究各种物理农业技术对植物生长的影响度。

（3）各种现代物理农业技术的效率测度

从投入产出的角度，基于各种物理农业技术的投入（如成本、人力等）和产出（如产量的增加、抗病性能的增强等）数据，建立多投入、多产出效率评估数学模型，对各种物理农业技术的效率进行客观的测评。

（4）现代物理体系中各种物理农业技术的综合评价

建立物理农业技术的综合评价指标体系，该体系应主要包括上述几条研究内容的结论，即物理农业技术对人体健康的影响、物理农业技术对植物生长的影响、物理农业技术本身的生产效率等。运用运筹学中的多目标评价和模糊评价相结合的方法，对各

种物理农业技术进行综合评价、排序，从而为制定现代物理农业工程技术方案提供科学依据。

2. 应用研究

目前开发的技术及其装备应用在生产实践中，其效能已得到初步肯定，但还缺乏有效的监控和监测研究。技术装备，无论是产品质量还是功能，都有待进一步提高。为此，有关研究单位应该加强以下几方面的研究。

（1）技术基础理论（原理）研究

在农业具体生产上，不同品种的运用阈值与参数也是应用科学中最为关键的问题，就如电场作用，不同的植物种类，不同的生长季节，不同的栽培目标等，所要求的电场刺激强度不同。解决这些问题，相关技术才能被用户接受，我国物理农业才能健康快速地发展，高效、无害、环保的物理农业技术才能真正产生它应有的效果。而这些问题的解决都有赖于技术基础理论（原理）研究的深入，都必须建立在技术理论、经验判断和数据检测基础之上，否则，这些问题将影响相关技术的推广及其效果。

（2）技术及其装备的应用研究

在单项技术研究方面还需要做更多的工作，研究的内容十分丰富。比如，声视频技术应用领域，重点是建立植物声频资源库，研究不同植物的声频特点，使声频发生由“广谱”到“专一”。在空间电场技术应用领域，重点是研究技术应用对动、植物的副作用评估。在准备使用这些技术的领域，要通过实践，研究制定合理的操作规程，使技术装备及其使用规范化、标准化；同时，在应用领域还要不断研究不同技术之间的有机组合，建立综合利用的生产模式，使技术应用由目前的以单一应用为主的模式，逐步走向各项技术组合的综合应用模式。

三、现代物理农业装备需求

（一）宏观需求分析

宏观需求主要是指国家现代农业产业政策和国家宏观政策导向等对现代物理农业工程技术体系提出的要求。我国高度重视农业的可持续发展，当前，农业生产方式正在发生重大变化，国家支持力度不断加强，政策环境和经济环境不断完善。我国“十一五”规划提出：“发展必须是科学发展，要坚持以人为本、转变发展观念、创新发展模式、提高发展质量，把经济社会发展切实转变到协调可持续发展的轨道。”党的十六届三中全会提出：“坚持以人为本，树立全面、协调、可持续发展观，促进经济社会和人的全面发展”。党的十七届三中全会通过的《中共中央关于推进农村改革发展若干重大问题的决定》提出，要促进农业的可持续发展，要发展节约型农业、循环农业、生态农业，加强生态环境的保护；推进节能减排技术，加强农村工业、生活污染和农业面源污染防治。《决定》明确提出，农业发展的根本出路在科技进步，要大力推进农业科技自主创新，加快原始创新、集成创新和引进消化吸收再创新，加快开发多功能、智能化、经济型农业装备。

但是，我国农业仍然面临深层次矛盾，农业生产方式粗放，农业技术装备落后，农业资源使用量大且有效利用率低。近年来，我国化肥、农药使用量增加迅速，化肥从 1991 年的 280.51×10^8 kg 增加到 2007 年的 510.78×10^8 kg；农药从 1991 年的 7.61×10^8 kg 增加到 2007 年的 16.23×10^8 kg（见表 4-1、图 4-1 和图 4-2）。在耕地面积难以增加的基础上，单位面积耕地上化肥、农药的使用量增加过快。随着时间的推移，化肥、农药带来的增产效益不断减少，而随之而来的环境污染严重、农业成本上升等问题则愈发突出。这显然不利于我国农业的可持续发展，也不符合现代农业发展的要求。

表 4-1 全国化肥、农药使用情况统计表

年份	化肥使用量/$\times10^8$ kg					农药使用量/$\times10^8$ kg
	合计	氮肥	磷肥	钾肥	复合肥	
1991	280.51	172.61	49.96	17.39	40.55	7.61
1995	359.37	202.19	63.24	26.85	67.08	10.87
1999	412.43	218.09	69.78	36.56	88.00	13.12
2000	414.64	216.15	69.05	37.65	91.79	12.80
2001	425.31	216.41	70.57	39.96	98.37	12.75
2002	433.94	215.73	71.22	42.24	104.06	13.12
2003	441.16	214.99	71.39	43.80	110.98	13.25
2004	463.66	222.19	73.59	46.73	120.40	13.86
2005	476.62	222.97	74.38	48.98	130.36	14.60
2006	492.77	226.25	76.95	50.97	138.59	15.37
2007	510.78	229.72	77.30	53.36	150.30	16.23

数据来源：《中国农业统计年鉴》。

2008 年，我国农药需求总量（有效成分，下同）为 29.82×10^7 kg，与 2007 年持平；2009 年，全国农药需求总量为 31.36×10^7 kg，比 2008 年增长 5%。从 2009 年农药市场需求结构的情况来看，杀虫剂需求为 15.27×10^7 kg，比上年增加 8.55%。其中，有机磷类农药 9.59×10^7 kg，比上年增加 8.21%。

然而，欧洲农药用量在10年内减半，他们鼓励低农药耕作，鼓励优先使用非化学品，并禁止飞机喷洒农药。作为欧洲最大的农药消费大户法国，仅在1999年至2006年，其市场各类农药的产品销量下降了40.5%，2009年全国农药用量减少一半。法国农药市场的迅速萎缩印证了一个硬道理：农药市场的根本性改变在于保护环境的需要，而保护环境既需要法律制约，又需要科技进步和公众参与。

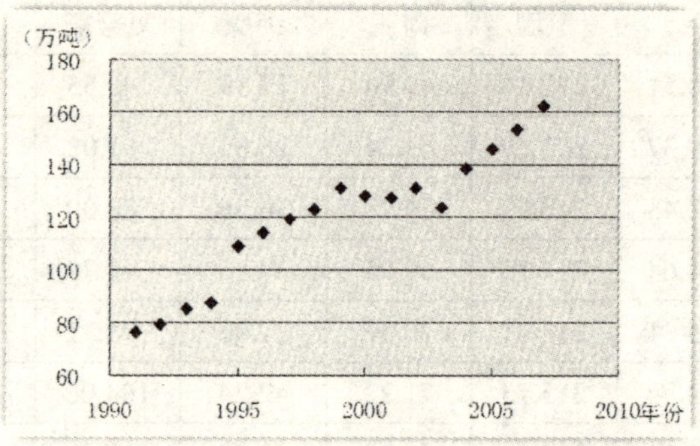

图4-1 1991—2007年全国化肥使用量变化图

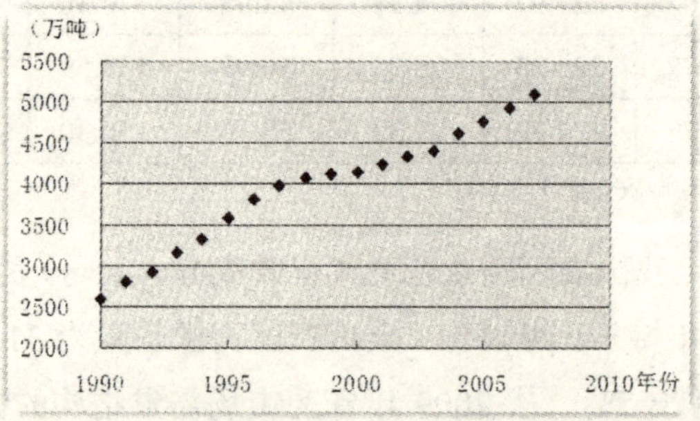

图4-2 1991—2007年全国农药使用量变化图

由此可以看出，对我国来说，发展资源节约型和环境友好型的现代物理农业尤为迫切。现代物理农业是我国农业生产的一种可持续生产模式，不仅可以减少化肥、农药的使用量，降低生产成本，而且有利于减轻由化肥、农药带来的环境污染。

（二）微观需求分析

微观需求是指农民（个人或组织）对现代物理农业工程技术和装备的需求。现代物理农业工程技术是农业技术新的革命。近几年，现代物理农业工程技术在我国得到逐步推广和应用，而农民是农业生产的主体，农民的素质和观念直接影响到现代物理农业的推广和实现。对于农民对现代物理农业技术和装备的需求可从自用需求和服务需求两个方面分析。

1. 自用需求

自用需求是指农民自己购置现代物理农业装备并使用。这类农民主要有两类：一类是生产经营规模不大的用户，主要生产经济效益较高的农产品（温室蔬菜、花卉等），需要依靠现代物理农业装备提高农产品的产量和品质。他们一般会选择电子杀虫灯、补光灯、声波助长仪等投资额较小的装备。另一类是生产经营规模大、专业化程度高、农业科技投入大的的用户，需要使用现代物理农业装备来提升科技水平，他们一般会购置空间电场防病防疫设备、二氧化碳增施设备等相对价格高、成套化的设备，主要用于大型温室生产基地、农业科技示范区和观光农业等。

2. 服务需求

一些价格高、但可共用的设备，例如种子处理设备（种子磁化机、等离子体种子处理机等），不适于农民个人购买使用，一般由农业生产合作社、村集体或种子销售点购买并提供服务，农民支付技术使用费即可使用相关服务。

（三）装备数量需求分析

现代物理农业装备有几十种，但使用较普遍的装备却不多。数量较多的有电子杀虫灯、声波助长仪、种子磁化处理机、等离子种子处理机和畜禽舍空间电场防病防疫设备等。电子杀虫灯已在全国范围内推广应用，使用量累计已达到50多万台。从发展趋势看，近期推广力度较大的装备将是种子磁化处理机、等离子种子处理机、声波助长仪及畜禽舍空间电场防病防疫设备。下面对部分装备的数量需求进行静态分析。

1. 种子处理设备

种子处理设备一般由种子销售点、乡镇集体购买并提供服务，农民支付种子处理费，因此我们可按照不同的划分标准测算种子处理设备的需求数量。

从区域划分来看，据统计，2007 年底全国乡镇数为 40 813 个，如果全国在未来的 8～10 年（设备寿命一般在 8～10 年）有一半的乡镇使用种子处理设备，那么种子处理设备的需求量为 2 万台左右，每年需求量在 2 000～2 500 台。

从应用对象划分来看，一类用户为县、乡种子经销商，数量 6 万多个，县、乡种子经销商可以依托种子处理设备为购买种子用户直接处理种子，提供差异化的服务。另一类用户为全国大约 6 万个县级农技、农机推广站和乡镇农技、农机站。这两类用户合并计算为 12 万个，按 50%需求计算，用户为 6 万个。考虑到区域内各类用户的交叉重复，则需求量在 4～5 万台，每年需求量为 4 000 台以上。

若按适用的作物品种范围划分，则每年全国农作物种子使用量为 1 200 多万吨。按照 50%的种子需要处理，每台种子处理设备年处理种子 100 t 的能力计算，设备的需求量为 60 000 台，即每年需求量为 5 000～6 000 台。

此外，一些特殊用户，比如种植绿化草坪、体育场草坪以及草原种草等用户，也有可能需要种子处理设备。

2. 声波助长仪

目前，声波助长仪主要用于经济收益较高的温室作物中。据统计，2007 年我国温室面积达 707 khm^2，其中，日光温室面积超过 200 khm^2。若 10%的日光温室配备声波助长仪，一个日光温室的面积按 0.067 hm^2 计算，每个日光温室配备 1 台声波助长仪，则约需要 30 万台声波助长仪。

我们通过以上分析不难看出，现代物理农业装备潜在的市场需求空间巨大。

四、现代物理农业工程技术的推广方式

我国已经进入由传统农业向现代农业转变的关键时期，农业发展正面临着资源与市场的双重约束、经济增长与生态保护的双重压力、农民增收与粮食安全的双重挑战。面对新形势新变化，发展现代物理农业工程技术尤其重要。现代物理农业工程技术利用光、电、磁等方面的技术，确保农业生产安全、高效，符合可持续发展理念，是低碳环保发展的典型实例，适宜长期的推广和发展。

现代物理农业工程技术在我国总体上还处于试验示范阶段，无论是技术应用，还是应用区域都存在严重的不平衡性。在技术

推广方面，政府有关部门必须根据不同区域技术条件、经济条件和自然条件，因地制宜的开展工作，不可违背事物发展的规律，逾越客观条件的限制。

（一）技术推广具有长期性

与其他任何一项新技术推广一样，现代物理农业工程技术的普及也需要一个循序渐进的过程，而且可能是一个更长期的过程。有关部门和人士既要对现代物理农业工程技术有正确的认识与定位，又要对现代物理农业工程技术目前所处的阶段有正确的认识与定位。

作为一种农业生产装备，现代物理农业设备在应用中被农民认识需要一个更为缓慢的过程，原因在于现代物理农业工程技术使用的效果往往需要经历一个农业生产季节才能显现出来，或者是通过改善环境促进农业发展，起一种间接作用。

众所周知，农业机械在作业中的效果农民能立竿见影地看到。比如，播种作业时，播种机前行一段距离，种子就被施播入土，完成其工作任务；收获机作业时，我们可以随时目睹农作物被收获的场景。

而现代物理农业工程技术的作用往往是不能随即显现的。比如，种子磁化，我们只有在出苗甚至收获之后才能认识到它的效果；再如，声频助长，声波仪每天2～3 h的使用，但我们的肉眼是很难观察到农作物生长的差异的，只能在经历一段时间并进行比对和测量之后才能得出结论，其中，很多结论要在收获之后的对比中才能得出。所以，现代物理农业农业工程技术推广工作具有长期性和艰巨性。

现代物理农业工程技术的推广必须遵循技术推广的阶段演进规律，即试验、示范和推广的三阶段性，切不可操之过急。先是要选好试验点，制定周密的试验方案，与本地区农业生产方式有机结合地开展试验；在取得一定试验经验的基础上再开展小规模的示范工作，在示范阶段重点解决技术规程的成熟性，通过示范将技术规程定型；之后，再积极开展更大规模的推广工作。

（二）技术推广更需要宣传

推广就是一种传播，技术推广是物化的技术或设备被农民接受的过程，同时也是一种新的认识、新的理念被接受的过程，因此，宣传是技术推广必可少的手段。在现代物理农业工程技术的推广中加强对公众宣传引导很重要。现代物理农业工程技术的应用效果经常以一种延后或“隐秘”的方式表现出来，所以更需要强有力的宣传。

现代物理农业工程技术的推广要充分利用现代传媒手段，但宣传报道要注意科学合理，不能随意夸大其词。现代物理农业工程技术毕竟是新技术，因此，宣传要到位，要及时贴切，增加可信度，既要有鼓动性又要保持原汁原味，以真正发挥宣传的优势和作用。

政府部门和科技推广部门应充分发挥在政策导向、宣传教育等方面的重大作用，要利用各种媒体及时发布环境污染状况信息，让公众认识到农业环境污染的危害性；要向农民宣传资源节约型、环境友好型社会的理念，宣传现代物理农业工程技术相关知识和重要性，使广大农民朋友树立物理农业的新的生产观，增强发展物理农业的信心，从而加快新农村建设步伐。

（三）技术推广要注重方式方法

搞好基础技术试验和研究是做好一项新技术推广应用的前提条件。要知其然，还要知其所以然。要进行大量的试验示范工作，用事实说话，用大量的试验结果打消农民心头的疑虑，这样才能对农民接受新事物产生较强的说服力。

在现代物理农业工程技术推广过程中，良好的方式方法是非常重要的。点、线、面结合进行示范、推广是基本的方式方法。一是要突出抓“点”，即培育现代物理农业工程技术应用示范户，在资金、技术、信息等方面给予重点帮助和扶持；二是要突出抓“线”，即成立现代物理农业工程技术服务机构、组织，发挥其指导、推动作用；三是要突出抓“面”，即建立较大规模应用现代物理农业工程技术的示范园区。

在整个工作进程中，典型示范应用是技术推广的有效手段和重中之重，要从典型试验、示范中不断总结经验、验证技术规程和方法，力求将该技术深而广地推广应用到千家万户。

（四）技术推广要注重协调性

在农业技术推广过程中，除上述推广方式上的点、线、面结合外，还有工作流程中的点、线、面结合。所谓流程中的点，就是科技项目的立项、培训、现场推动、总结等项目节点。所谓线，就是随时间的推移，有机的将这些点连接起来，使整个推广工作循序渐进，而不是孤立的几个时间点或项目管理点，即要成为一条完整的工作流水线。所谓面，就是在整个推广项目的进程中加强宣传和信息传播，使项目呈现整体或立体的推进，不因为时间、空间的间隔而使项目有所停顿，充分利用现代传媒的穿透性来宣传新知识、新技术、新装备、新经验，实现项目的全面推动。

1. 注重各要素的协调性

技术推广要注重各要素的协调性。现代物理农业工程技术项目实施，先要通过试点取得经验，并不断总结区域性典型技术模式，然后再大力推广应用。需要注意的是，某项技术本身并不是一项单一的技术，而是一个完整的技术的体系，因此，要将现代物理农业工程技术按体系进行推广。此其一。其二，在推广应用中还必须将现代物理农业工程技术与其他技术有机结合起来。其三，将技术的设施深化到改造传统农业生产方式上，建立新型的生产模式，即现代物理农业生产模式。

在现代物理农业生产模式定型之后，要总结提升现有成熟的物理农业工程技术，筛选出针对不同经济条件和生态类型的实用技术体系及其生产模式，同时，树立起一批现代物理农业工程典型，在此基础上开展更大范围的农业生产模式的规划和建设。

2. 建立完善的技术支撑体系

要建立完善的技术支撑体系来提升现代物理农业工程的质量和水平。要有效减少现代物理农业工程科研与农业发展需要脱节、科技成果转化率低以及农业生产经营所急需的技术服务得不到满足等问题。政府农业主管部门应牵头将科研、企业、技术推广和用户等四方有效结合起来，避免力量分散、层次重叠、功能不清等问题，加快物理农业工程装备新产品、新技术的开发和应用；要用大量的研究数据做支撑，提高技术的成熟度和推广度，并强化技术应用的检测工作。

要建立健全现代物理农业工程科技队伍。要充分利用我国现有的农机化科技体系，加强农机农艺与农业经营的有机结合，使技术应用得到组织体系的有效保障。现代物理农业是一场变革传统农业生产方式的经济活动，需要明确的导向系统，需要可靠的行为规范和准则来统一行动，因此，建立一个统一的组织体系十分必要。一支优良的科技示范推广队伍，才能确保先进适用的技术在第一时间传递到农民手中。科技人员除利用多方位的技术传播载体例如广播、电视、报刊、互联网进行先进技术的宣传外，还要借助培训班、现场会、讲座等活动进行宣传。

随着技术设备的不断成熟和完善、政策支持及示范宣传力度的加大、农民认识水平的提升，现代物理农业工程技术的应用会越来越广泛。

五、现代物理农业工程发展环境与对策

（一）典型经验分析

1. 加强科技成果转化是技术示范推广的有力支撑

现代物理农业在我国起步时间不长，大部分省份实施科技项目带动战略来强化科技成果转化工作，从而有效促进了现代物理农业工程技术在当地的推广和应用。

大连市现代物理农业的发展一直走在全国前列，在技术引进和装备开发的同时，重视科技成果转化工作。大连市通过一系列的科技成果转化项目及其资金的支持，有力的促进了现代物理农业工程技术在大连市的推广应用。2007 年，畜禽舍空气电净化自动防疫装备生产试验与区域示范项目列入农业科技成果转化资金项目。土壤连作障碍处理技术通过技术鉴定，成果达到世界先进

水平。土壤连作障碍电处理技术先后被列入2008年国家“星火计划”重点资助项目和财政部农业科技推广专项资金资助项目。2009年，大连市将物理农业技术示范基地建设项目列入市财政投资项目计划。

天津市从2005年开始发展现代物理农业，先后申报了“设施蔬菜物理农业工程技术示范推广”、“畜禽舍空间电场防病促生技术推广”、“设施蔬菜土壤连作障碍电处理技术示范”等科研推广项目。在项目实施中，农机部门积极做好技术宣传工作，组织科技入户工作，开办技术培训班和现场会等，让农民认识现代物理农业工程技术，掌握装备的使用操作规程。各区县农机部门也结合本地的农业发展特色积极争取区县科技项目，天津市东丽、津南、北辰等区县的项目都已顺利通过验收。

江苏省无锡市从2004年开始进行现代物理农业工程技术试验，将声波助长技术运用到精品西瓜、葡萄、玉米等农作物的生产中。到2006年年底，技术试验基地面积已超过70 hm^2，取得良好的应用成效。

无锡市还出台了全国首个正式编制的关于现代物理农业的技术标准——《植物声波助长操作技术规程》，并通过了市级验收。

无锡市农机推广站和江南大学国家大学科技园共同筹建的现代物理农业技术装备实验室成为国内现代物理农业技术研发的合作平台。该实验室开展了种子磁化试验装置、物理杀虫装置与黑光技术、声波助长技术、高效渔业养殖、水环境治理、农产品保鲜和深加工等方面的试验研究，取得声、光、磁促进作物生长装置，玉米浆饮料生产线，高效静态增氧装备等6项成果，并在声、光、磁对作物生长的影响机制，秸秆改善土壤环境，微生物吸附材料，生物技术处理蓝藻等方面开展了探索性研究。实验室申请国家发明和实用新型专利 4 个，促进了科技成果由单纯的技术研究向市场化应用发展，取得了较好的经济效益。

2. 政府支持是加快技术推广工作进程的有力保障

辽宁省大连市政府高度重视当地现代物理农业的发展。大连市农委、科技局每年都将现代物理农业技术作为重点支持项目，组织召开农技人员、乡镇负责人及农业科技带头人等参加现场观摩会等活动，还专门出台了现代物理农业技术研发推广的扶持政策，每年拿出专项资金用于现代物理农业技术开发。

天津市从 2007 年起将部分现代物理农业装备纳入天津市财政购机补贴目录中，有力地调动了农民购买现代物理农业装备的积极性。

吉林省政府把等离子体种子处理技术作为农业增产的重要技术，2004—2006 连续三年安排省长专项基金 260 万元用于此技术在 41 个县市的推广，示范效果显著。

另外，近年来，山西、北京、山东等省市的有关部门在政府和农业主管部门的支持下也积极开展现代物理农业工程技术试验、示范及推广工作。

可见，现代物理农业工程技术的推广需要政府的重视与支持，政府支持是加快现代物理农业工程技术推广进程的有力保障。

3. 宣传工作是推动现代物理农业工程技术应用的有效手段

为扩大现代物理农业工程技术的社会影响力，各地充分利用报纸、广播、电视、杂志、网络等相关媒体进行广泛宣传报道。广泛的宣传极大地促进了社会各界对现代物理农业的关注与认识，为示范推广现代物理农业工程技术创造了良好的社会氛围。

天津市策划组织了一系列现代物理农业工程技术宣传活动。天津市农业机械局曾组织召开了全国现代物理农业工程技术发展研讨会、“现代物理农业与生态环境讲坛”。科技人员分别在“农博网”和“北方网”开设了讲座，接受了中央人民广播电台的专访。电视台《谈天说地》节目录制播出了介绍现代物理农业工程技术及装备的系列节目。天津农机学会、天津物理学会还共同编辑录制了面向中学教师进行宣传的《物理与现代农业》电视专题片。农业有关部门还编印技术普及小册子发放给农民；组织科技人员撰写科技文章在国内相关科技杂志及天津主流媒体《天津日报》《今晚报》发表。

大连市的技术研发工作先后被中央电视台《新闻联播》《农广天地》等知名节目报道。

天津、大连两地的农机网开设了“现代物理农业”专栏。

（二）对策措施

实践证明，现代物理农业是一种适合我国国情、切实可行的可持续发展的农业生产新模式。为了促进现代物理农业的顺利发展，本节提出如下措施建议。

1. 强化学科基础建设

就我国现代物理农业工程技术发展的整体理论研究水平而言，其技术研究尚处于初级阶段，基础研究薄弱，所以必须逐步建立现代物理农业学科体系，有效克服目前现代物理农业工程技术研究分散这一不利因素。

（1）加强基础理论研究

现代物理农业工程技术涉及电学、磁学、声学、光学、热力学等物理学与农学、环境学、生物学等多门学科，一些技术的机制研究欠缺，因此必须加强基础理论研究，从理论上证明技术的有效性。

同时，还要建立地方和国家级的物理农业工程技术研究机构，以此搭建多学科研究交流平台，推动学科间的交流，广泛吸收相关学科的研究成果，促进现代物理农业工程技术的科学发展和可持续发展。

（2）加强科技研究与农业生产的结合

加快现代物理农业工程技术和装备的攻关研究，要从农业生产的实际需要的角度出发，注重农艺与农机的结合。政府和政策要鼓励创新，特别是鼓励科研机构、高等院校积极开展基础性、超前性研究工作，做好技术储备；要加强对目前农业生产中急需的技术空白点和薄弱环节的研究，使更多的技术纳入到现代物理农业工程技术体系中来，尽早形成成熟完备的技术应用模式。现代物理农业工程技术及其关键装备的研究要积极争取列入国家“十二五”重点科技支撑计划中，增强研究的目的性、针对性。

（3）加快学科队伍建设

发展现代物理农业的重要因素是人才的培养，拥有掌握知识和运用知识的人才是现代物理农业发展的关键。我国现代物理农业还处于起步阶段，技术研究、试验、示范和推广应用均需要一大批专门的技术人才，懂技术、会经营的高素质农业技术管理人才也相当缺乏，因此要通过多种渠道、多种形式建立稳定的现代物理农业人才培养机制。例如，在高校开设相关课程和研究项目，招收和培养本学科的研究生，培养技术研究人员，建立健全长期的培训体系，并制度化和规范化。

2. 加强科技创新力度，提升装备生产能力

技术创新是决定装备水平的重要因素，对新装备开发与应用有着决定性影响；而装备是技术实现的载体，现代物理农业工程技术体系的发展需要质量可靠、性能完备的装备支持。鉴于目前现代物理农业工程技术装备有效供给不足，作者建议重点开展以下工作：

一是进一步加大技术的研究开发力度，大力开发新装备。企业联合有关科研单位和高等院校，引进消化吸收当前最新的集成性、超前性研究成果，做好技术储备工作。另外，政府和政策应通过加强知识产权保护等措施，鼓励和引导企业和私人投资于现代物理农业工程技术的研发。

二是加强对现有技术的创新研究工作，支持企业提高装备质量，完善装备功能。现代物理农业装备是技术集成终端，其生产企业要积极组织科研技术力量，根据用户反映的情况和生产中存在的问题，对它进行改进，进一步提高它的的性能和质量，提高装备生产的技术含量以及企业的生产能力，努力为用户提供技术先进、性能优良、质量可靠的装备。

三是加快制定现代物理农业工程技术装备的生产、使用等方面的技术标准，为装备开发和应用提供技术依据，从而更有利于指导技术的研发和应用。

四是做好技术引进工作。即积极引进国外先进技术，弥补国内技术空白和供给的不足。

3. 加大示范推广力度，促进科技成果转化

（1）促进技术的产业化进程

对于已经通过鉴定的技术，政府有关部门应加快推进其产业化进程，使之尽快转化成现实生产力。政府有关部门要大力促进“产”、“学”、“研”之间的协作和联合，促进科研机构和高校对装备生产企业的技术输入，促进技术成果尽快转换成直接生产力。

（2）建立科技示范基地、园区

国家应设立全国性的现代物理农业技术示范工程，建立科技示范基地和园区，引导农民认识和采纳现代物理农业工程技术。同时，各省市应积极开展现代物理农业工程技术示范和推广，加快技术普及进度，结合现有的农业技术服务推广体系，扩大技术推广渠道，降低技术转化成本，提高技术的转化速度。

（3）解决技术实用化、普及化的问题

政府应加大科技转化投入，切实解决技术实用化、普及化的问题。政府应加大现代物理农业科技成果转化的投入，支持科技成果的转化。政府及农业主管部门应充分认识加快发展现代物理农业的重要意义，把现代物理农业作为发展现代农业、建设社会主义新农村和构建社会主义和谐农村的重要内容，纳入当地经济社会发展的总体规划和综合评价体系，并作为为农民群众办实事的具体措施。

（4）加强宣传，强化技术培训

政府应加强面向社会的宣传工作，使人们接受现代物理农业理念。一是要加强技术人员和农民朋友的培训工作，使他们尽快掌握技术要领、提高技术应用能力，特别是有文化、懂技术、会经营的新型农民，他们是现代物理农业技术应用的主体。对于已经技术成熟、经济适用的物理农业技术和装备，各级农机部门应通过各种渠道加强宣传示范，让农民对这些技术装备的作业效果、经济适用性等有直观的了解和认识。宣传示范的对象应面向更广大的直接从事农业生产的农户。二是要及时树立现代物理农业工程技术应用的典型，让典型发挥示范效应，进一步扩大物理农业的社会影响，提高全社会特别是农村广大干部群众的认知度，大力营造发展现代物理农业的良好氛围。

4. 建立装备应用扶持机制

政府应将现代物理农业工程技术装备纳入农业机械产品范畴，使之享受相应的税收优惠政策。同时，还要将现代物理农业装备纳入国家和地方购机补贴范围，列入农业机械购置补贴目录，提高补贴标准，增加对农民购买使用现代物理农业装备的导向性和扶持力度，以此鼓励农民购买和使用现代物理农业装备，从而加快现代物理农业装备的推广应用进程。

附　　录

一、现代物理农业工程技术装备及研发机构

装备种类	装备名称	生产单位
种子处理设备	CJ-III型磁场种子处理机	大连市农业机械化研究所
	等离子体种子处理机	大连博事等离子有限公司
	电场种子处理机、介电种子精选处理机	天津市溢通实业发展有限公司
	6DX-300 型电力选种消毒机	内蒙古农牧业机械化研究所
植物声波助长设备	植物声频发生器	青岛物理农业科技发展有限公司
	声波助长仪	大连市农业机械化研究所
电子杀虫设备	佳多频振式杀虫灯	河南汤阴佳多科工贸有限责任公司
	电子杀虫灯（系列节能产品）	北京益环伟业农业生态科技有限公司
	3DJ-15 型电子杀虫灯	大连市农业机械化研究所
	太阳能灭虫灯	山东省茌平星火（集团公司）电器厂
	太阳能杀虫灯	杭州华威冷暖电力成套设备有限公司
	巴克星光电生物灭虫器	江西莱昂科技有限公司
	富世鸣高效灭虫灯	河北沧县正大环保科技有限公司

续

装备种类	装备名称	生产单位
电子杀虫设备	雷达双光自控害虫诱杀灯	北京市植物保护站
	太阳能杀虫灯	新乡市天意新能源科技开发有限公司
	智能型电子杀虫灯	天津市农业机械试验鉴定站
	电子灭蛾灯	北京丰茂植保机械有限公司
	太阳能 YH-1	北京宏达益德能源科技有限公司
	透射式杀虫灯 DT-15P、DT-15R	北京丰茂植保机械有限公司
	双色太阳能杀虫灯 4TS-4	长沙市劲牛机械有限公司
	太阳能灭虫器 ET-001、ET-002、ET-101、ET-102	福建省惠邦科技有限公司
	单灯智能太阳能灭虫器 FWS-DBL-1	深圳市富巍盛科技有限公司
	多功能便携式太阳能灭虫器 FWS-DBL-0	深圳市富巍盛科技有限公司
	双灯智能太阳能灭虫器 FWS-DBL-2	深圳市富巍盛科技有限公司
	LED 太阳能杀虫灯 SDB-350-LL01	浙江森得保生物制品有限公司
	普通太阳能杀虫灯 SDB-350-LP01	浙江森得保生物制品有限公司
	LED 频振式杀虫灯 SDB-L01	浙江森得保生物制品有限公司
	LED 蓄电池式杀虫灯 SDB-L02	浙江森得保生物制品有限公司
	普通频振式杀虫灯 SDB-Z01	浙江森得保生物制品有限公司
	普通蓄电池式杀虫灯 SDB-Z02	浙江森得保生物制品有限公司
	频振式农林广谱杀虫灯 GP-LH18E	浙江隆皓农林科技有限公司
	太阳能频振式农林广谱杀虫灯 GP-LH18B	浙江隆皓农林科技有限公司
	蓄电池频振式农林广谱杀虫灯 GP-LH18F	浙江隆皓农林科技有限公司

续

装备种类	装备名称	生产单位
电子杀虫设备	太阳能灭蛾灯 GP-LJ17	浙江隆皓农林科技有限公司
	太阳能多用体杀虫灯 GP-LJ18	浙江隆皓农林科技有限公司
	太阳能智能光谱杀虫灯 3TYS-40	新乡市天意新能源科技开发有限公司
	智能太阳能灭虫器 3TYM-12	新乡市天意新能源科技开发有限公司
	频振式杀虫灯 TYGP-16	新乡市天意新能源科技开发有限公司
	太阳能频振式杀虫灯 TYP-20	新乡市天意新能源科技开发有限公司
	太阳能频振式撞击杀虫灯 TYP-45	新乡市天意新能源科技开发有限公司
	虫情测报灯 JDAo-Ⅲ	鹤壁佳多科工贸有限责任公司
	频振式杀虫灯 PS-15Ⅱ	鹤壁佳多科工贸有限责任公司
	频振式太阳能杀虫灯 PS-15Ⅲ、PS-15Ⅳ、PS-15Ⅳ-8、PS-15Ⅵ-2、PS-15Ⅵ-4	鹤壁佳多科工贸有限责任公司
	太阳能杀虫灯 TYN-SCD-40WP	湖南省盈峰光能机械有限公司
	杀虫灯 KA-BKX-AC	江西开昂科技有限公司
	太阳能杀虫灯 KA-BKX-SN	江西开昂科技有限公司
	交流电式杀虫灯 DY-Ⅰ	荆州市科力电子电器有限公司
	蓄电池式杀虫灯 DY-Ⅱ	荆州市科力电子电器有限公司
	太阳能式杀虫灯 DY-Ⅲ、GY	荆州市科力电子电器有限公司
	交、直流电式诱虫灯 KCB-Ⅰ	荆州市科力电子电器有限公司
	交流电式诱虫灯 KCB-Ⅱ、KCB-Ⅲ	荆州市科力电子电器有限公司
	太阳能式诱虫灯 KCB-Ⅳ	荆州市科力电子电器有限公司
	碰撞式太阳能杀虫灯 JG-1	陕西精工科技有限公司

续

<table>
<tr><th>装备种类</th><th>装备名称</th><th>生产单位</th></tr>
<tr><td rowspan="9">电子杀虫设备</td><td>太阳能诱虫灯 WS-20</td><td>台州市金清增氧机有限公司</td></tr>
<tr><td>太阳能杀虫灯 XW-001</td><td>襄樊旭威新能源开发有限公司</td></tr>
<tr><td>频振式交流杀虫灯 LEOJ-2</td><td>新乡力欧光伏能源科技有限公司</td></tr>
<tr><td>频振式太阳能杀虫灯 LEOT-6</td><td>新乡力欧光伏能源科技有限公司</td></tr>
<tr><td>双管高效杀虫灯 3SJ-2×15</td><td>新乡市绿色园林新能源有限公司</td></tr>
<tr><td>太阳能频振杀虫灯 3ST-15/30、3ST-15/40</td><td>新乡市绿色园林新能源有限公司</td></tr>
<tr><td>蓄电池频振杀虫灯 3SX-15</td><td>新乡市绿色园林新能源有限公司</td></tr>
<tr><td>太阳能灭虫器 TFC-1、TFC-3、TFC-5</td><td>扬中市方正天瑞电子科技有限公司</td></tr>
<tr><td>太阳能杀虫灯 KS10-A</td><td>扬州康弘农业发展有限公司</td></tr>
<tr><td rowspan="3">土壤消毒设备</td><td>3DT 系列连作障碍处理机</td><td rowspan="3">大连市农业机械化研究所</td></tr>
<tr><td>CJX-1 型臭氧水基质消毒机</td></tr>
<tr><td>3DDJ 系列土壤处理机</td></tr>
<tr><td rowspan="3">温室气传灭害设备</td><td>3DFC-660 型温室静电除雾灭害促生系统</td><td rowspan="2">内蒙古亿佳田环境科技有限公司</td></tr>
<tr><td>3BC-660 型温室病害臭氧防治器</td></tr>
<tr><td>温室病害臭氧防治机</td><td rowspan="4">大连市农业机械化研究所</td></tr>
<tr><td rowspan="2">畜禽舍空气灭害设备</td><td>3DDF 系列畜禽舍空气电净化自动防疫系统</td></tr>
<tr><td>畜禽舍进排气净化灭菌消毒系统</td></tr>
<tr><td>食用菌防病灭害设备</td><td>空间电场促蕾防病系统、接种房电净化洁净系统</td></tr>
<tr><td>温室补光设备</td><td>阳光灯</td><td>河北省赫谱科技有限公司</td></tr>
</table>

续

装备种类	装备名称	生产单位
温室补光设备	高压钠灯、金属卤化物灯	浙江杭州三兴公司
	荧光灯	广东佛山电器照明公司
水处理设备	变频磁化水发生仪	山东济南益水科技有限公司
	电功能水发生装置	浙江省丽江水市农科所
其他	茶园防霜机 CFJ-2.5	江苏省无锡江大大学科技园有限公司

二、现代物理农业工程技术发展大事记

➘ 1964 年，我国开始在农业生产上大面积采用黑光灯诱杀农业害虫。

➘ 1992 年，全国首届农业物理技术研讨会召开。

➘ 1994 年，侯天侦教授发现了植物经络系统的穴位，提出了植物控制系统的理论，创立了植物经络学说。该项基础理论研究通过了新疆科委主持的鉴定，具有国际先进水平。

➘ 1994 年，中国农业大学开展功能水的研究，1996 年成功研制了间歇式电功能水发生装置。

➘ 1995 年 11 月 10 日，第二届全国农业物理应用技术研讨会在江苏省农业科学院原子能利用研究所召开。

➘ 1997 年，国家科委成果办以[97]国科成办字第 021 号文向全国推荐使用天津市溢通实业发展公司开发的电场种子处理机，1998 年被国家科委列入国家级星火项目，先后在天津、江苏、内蒙古、黑龙江等省、市、自治区推广应用。

➘ 2003 年 9 月 28 日，武汉盛博物理农业新体系产业科技

园在武汉市郊开园。

➘ 2004年，吉林省开始等离子体种子处理技术试验示范。

➘ 2004年，大连市开始试点推广种子磁化技术等现代物理农业技术。

➘ 2007年，大连市“畜禽舍空气电净化自动防疫装备生产试验与区域示范”项目列入农业科技成果转化资金项目；“土壤连作障碍电处理技术装备示范与推广”项目列入2008年国家星火计划重点资助项目，该项技术2007年通过大连市科技局鉴定，成果达到世界先进水平，获大连市科技进步一等奖，获国家发明专利和实用新型专利。

➘ 2008年，大连市“土壤连作障碍电处理技术的区域示范”项目列入财政部农业科技推广专项资金资助项目；“物理农业技术示范基地建设项目”列入2009年大连市财政投资项目计划。

➘ 2005年4月13日，中央电视台新闻联播头条新闻报道了大连市应用声波助长仪的消息。

➘ 2005年，天津市开始全面系统地推广现代物理农业工程技术。

➘ 2006年，“设施蔬菜物理农业技术示范推广”项目列入天津市重点农业科技成果推广项目目录。

➘ 2008年，“畜禽舍空气电净化防病促生技术引进示范”项目列为天津市农业科技引进项目；“设施蔬菜土壤连作障碍电处理技术示范”列为天津市科技支撑计划项目。

➘ 2006年，河南佳多科工贸有限责任公司“农业害虫监测系统及灯光诱控技术研发与应用”获得国家科技进步二等奖。

➘ 2006年，黑龙江农机推广站引进等离子体种子处理技术并进行推广。

↘ 2006 年 11 月 21 日，中国农业机械学会和天津市农业机械局在天津市召开首届全国现代物理农业工程技术发展研讨会。

↘ 2006 年，广西农业厅开展“万家灯火”项目，推广应用电子杀虫灯技术。

↘ 2006 年 11 月 28 日，无锡市颁布地方标准《植物声波助长操作技术规程》。

↘ 2006 年 11 月，无锡市农机推广站和江南大学国家大学科技园建立现代物理农业技术装备实验室。2007 年该实验室开展了种子磁化试验装置、物理杀虫装置与黑光技术、声波助长技术等试验研究，取得了 6 项成果，申请国家发明和实用新型专利 4 个；2007 年 11 月 23 日，实验室建设项目通过验收。

↘ 2007 年，天津农学院开展种子频谱处理技术研究。

↘ 2007 年，天津市将部分现代物理农业装备纳入天津市农机购机补贴目录中。

↘ 2007 年 5 月，天津市科学技术协会举办现代物理农业与生态环境讲坛。

↘ 2008 年，天津西青区果蔬博览园在四栋大型的玻璃温室（占地 2 hm^2）安装全套的现代物理农业技术装备，建成我国最大的现代物理农业示范园。

↘ 2009 年 10 月，在天津市科学技术协会的资助下，天津市物理学会、天津市农机与农业工程学会联合录制了《物理与现代农业》专题片。

↘ 2010 年 3 月 9—11 日，由中国农机学会主办，中国农机学会青年工作委员会、天津市农机学会承办，天津市农机推广站、大连市农机研究所协办的第二届全国现代物理农业工程技术发展研讨会在天津召开。

↘ 2010 年 9 月 19 日，“2010 国际农业工程大会”在上海举行，现代物理农业工程研讨会成为大会的第八分专题会场，标志着现代物理农业工程技术首次进入了国际学术交流活动。会议期间，宋樱撰写的《我国现代物理农业工程技术的应用与发展》论文获得中国农机学会优秀学术论文三等奖。

↘ 2010 年，声波助长仪、空间电场防病促生系统、种子磁化机等 25 种现代物理农业设备列入新疆维吾尔自治区支持推广目录和购置补贴目录。

↘ 2010 年，现代物理农业工程技术纳入农业部《中国农业机械化科技发展报告（2010）》。

三、现代物理农业工程技术应用规范

规范一 植物声频助长仪技术规范

1 范围

本规范规定了植物声频助长仪的作业条件、操作规程、安全维护。

本规范适用于温室蔬菜的声频助长。

2 作业条件

2.1 时间

自苗期开始使用，每日上午 9 点至 11 点，开机运行 2 h。日间有阳光时使用，使用 3 h，避免在中午最热时及阴天使用。

2.2 温度

环境温度区间：10～45℃。

3 操作规程

3.1 将设备放在温室中间，加垫置物防潮。打开开关后，再打开音量旋钮。

3.2 音量调节

电源开关接通后，将音量调节到距离植物声频发生器远端的声强为 40～50 dB。（人站到距离植物声频发生器最远的地端能听到声音即可）

3.3 波段调整

波段	使用条件	波段	使用条件
1	10～20℃	6	浇水后 25～30℃
2	10～25℃	7	30～35℃
3	20～25℃	8	30～40℃
4	25～28℃	9	35～40℃
5	28～30℃		

4 安全维护

4.1 设备使用后，放置干燥处。

4.2 开机前检查外露电线是否破损，及时修理。

规范二 种子磁化处理机技术规范

1 范围

本规范规定了种子磁化处理机的生产效率、操作规程、安全维护。

本规范适用于粮食作物、蔬菜作物、经济作物、花卉、药材等作物种子的播前处理。

2　生产效率

每小时 400 kg 左右（磁化一遍）。

3　操作规程

3.1　将磁化处理机直立，调整支架使磁化筒垂直于地面。

3.2　检查分流器，使之位于磁化筒正中。

3.3　磁化时将种子的流向指向分流器顶端，使种子能够均匀进入磁化间隙。保证间隙均匀方可进行磁化处理。

3.4　磁化后的种子在 24 h 之内播入土壤为宜。

4　安全维护

4.1　如果磁化筒内磁化间隙由于振动而发生偏离，就用木棒调整均匀，以防夹种子。注意不可用铁质金属棒。

4.2　磁化筒避免受强烈撞击、近靠热源和强磁场，以防退磁。

4.3　使用时严防铁磁物质进入磁化筒，以防堵塞和影响磁场强度与方向。

规范三　等离子体种子处理机技术规范

1　范围

本规范规定了等离子体种子处理机械的操作规程、安全维护。

本规范适用于粮食作物、蔬菜作物、经济作物、花卉、药材等作物种子的播前处理。

2　生产效率

每小时可处理 2 500 kg 左右。（处理一遍）

3　操作规程

3.1　将等离子体种子处理机直立，调整支架使耀室垂直于地面。

3.2　检查等离子体发生器，使之位于耀室正中。

3.3　处理作业时将种子的流向指向等离子体发生器顶端，使种子能够均匀进入处理间隙。保证间隙均匀方可进行等离子体种子处理。

3.4　进行等离子体处理后的种子在处理后 5～12 d 之间播种最佳。

4　安全维护

4.1　设备使用后，放置干燥处。

4.2　开机前检查外露电线是否有破损，如有，需及时修理。

4.3　如需长途运输设备，就必须将耀室内的等离子体发生器取出，避免运输途中颠簸对设备核心部件造成损坏。

4.4　种子处理通道内的间隙，如果由于振动而发生偏离，就用木棒调整均匀，以防夹种子。

4.5　应避免受强烈撞击、近靠热源。

规范四　电子杀虫灯使用技术规范

1　范围

本规范规定了电子杀虫灯的设备安装、布设规则、安全维护。

2　设备安装

2.1　电源线必须采用防水线。

2.2　制作横担，横担距地面 2～3 m。

2.3　灯群线径的选择。铜芯线不能低于 1.0 mm^2，铝芯线不能低于 2.5 mm^2。线径过细会导致线电阻和压降增大，使灯不能正常工作。如果离变压器较远，且每条线路的灯数又较多，那么为防止电源波动，最好使用三相四线制的架线方法。

2.4　按照灯的指示电压接通电源后闭合电源开关，指示灯亮，经过 20 s 左右整灯进入正常工作状态。

3　布设规则

3.1　当多灯布置时，灯群用线径 1.0 mm^2 以上的铜芯线或线径 2.5 mm^2 以上的铝芯线连接，然后采用顺杆架空线路。没有线杆的地方要用 2.5 m 以上的木桩作为临时线杆，不能随意拉线。

3.2　棋盘状布设规则。每台杀虫灯在田间排布的棋格距一般为 100～130 m。吊挂高度在农作物生长前期为 1.5 m。

3.3　纺锤形布设规则，一般中间布设 3 台灯，两端各布设 2 台灯。各灯距应在 130 m 范围内。

4　安全操作

4.1　禁止用于加油站、油库、沼气池、煤气塔、面粉厂等易燃场所附近。

4.2　灯下禁止堆放柴草等易燃物品。

4.3　接通电源后切勿触摸杀虫网电极网，且接虫口距地面 1.5 m 以上。

4.4　每天都要清理一次接虫袋和杀虫网的污垢。清理时一定要切断电源，顺网横向清理。

4.5　雷雨天气不要开灯。

4.6　出现故障后务必切断电源进行维修。

规范五　温室空间电场防病促生系统技术规范

1　范围

本规范规定了温室空间电场防病促生系统的作业条件、设备安装、操作规程、安全维护。

本规范适用于蔬菜温室、大棚。

2 作业条件

避免阳光直射主机。

3 设备安装

3.1 主机安装

主电源、控制器一般安装于操作间或耳房墙壁上，特殊情况下可安装在温室内墙壁上。

3.2 地线的装设

主机固定在墙上以后，要使地线接触建筑物。

3.3 绝缘子的安装

绝缘子包括一个带线绝缘子、数个挂线绝缘子。首先将带线绝缘子固定在距离主机最近的棚顶钢梁或通过附件固定在立柱上，其他绝缘子一起按温室长度方向均匀布设在棚顶钢梁上或通过附件固定在立柱上。

3.4 电极线的连接

使用电极线通过这数个绝缘子底端的螺丝联为一体。电极线既可形成网格状，又可为一根线。

4 操作规程

4.1 测试

前述安装工作结束后，将高电压控制器“定时/恒定”滑动开关置于恒定工作位置，接通电源，使用电笔测试电极丝是否带电。

4.2 定时器调节

将定时器拨片，每间隔 1 个拨片（15 min）按下，共按下 48 个间隔的拨片（定时器全部共 96 个拨片）。

4.3 工作

4.3.1 测试并确认系统可以正常工作后必须将“定时/恒

定”滑动开关置于定时状态，不得设为恒定工作状态。

4.3.2　在使用温室空间电场防病促生系统期间，每天检查测试电极丝是否带电；及时清理电极丝上的杂物；电极丝有断开处时，切断电源后接触连接即可。

5　安全维护

5.1　温室内无蔬菜时，将温室空间电场防病促生系统电源关闭。

5.2　经常清洁绝缘子及电极丝，设备保持洁净。

参考文献

[1] 邹先定，陈进红．现代农业导论［M］．成都：四川大学出版社，2005．11

[2] 侯碧辉，王代殊 等．以物理农业改善化学农业［J］．中国农资，2006（06）：50—51

[3] 习岗，李伟昌．现代农业和生物学中的物理学［M］．北京：科学出版社，2001

[4] 马正义．物理农业——农机推广新领域［J］．农业开发与装备，2008（04）：20—21

[5] 胡伟，刘玉乐．我国现代物理农业工程技术应用与研究［J］．农业技术与装备，2007（04）：14—15

[6] 栾纪源，侯天侦．植物声频振动特性检测仪的原理及其设计［J］．科技通报，1995（05）：266—271

[7] 朱杰，郭连红，王国栋．物理农业技术在现代农业基础学科与工程研究中的应用［J］．大学物理，2008（07）：45—49

[8] 李韬．国内外农作物种子处理新技术［J］．种子科技，1992（06）：28—30

[9] 杨桂娟 等．高压静电场对作物种子超弱发光的影响

［J］. 农机化研究，2006（04）：146—149
［10］ 邓红梅 等. 高压静电场处理干湿黄瓜种子的生物效应及机理［J］. 农机化研究，2006（08）：189—190
［11］ 李晓光，任露泉. 自动静电种子处理机设计［J］. 中国机械工程，2003，14（19）：1696—l698
［12］ 王敏 等. 大气压等离子体处理对黄瓜种子萌发及幼苗生长的影响［J］. 农业工程学报，2007（02）：195—200
［13］ 刘玉乐. 种子频谱促生技术研究［J］. 农机机械，2007（5B）：62—63
［14］ 王忠. 我国谷物色选机应用技术现状及发展趋势［J］. 农机化研究，2006（04）：23—25
［15］ 胡良龙 等. 物理农业技术在种子选后处理中的应用［J］. 安徽农业科学，2007，35（13）：3778—3779
［16］ 刘海民. 中国科学家揭开草木知音之谜［EB/OL］. http://www. edu. cn/20020719/3061979. Shtml，2002-07-30
［17］ 张燕 等. 声肥技术在蔬菜和云杉上的应用试验［J］. 科技论坛，1998（03）：14
［18］ 周君. 通过声波达到农产品增产. 农业新闻，1993-07-24
［19］ 陈传强. 植物声频控制技术及其应用［J］. 设施农业，2004（02）：29
［20］ 府旗中 等. 水稻种子对声波刺激的应激效应的实验研究［J］. 重庆大学学报.2003（09）：111—114
［21］ 阳小成 等. 声波刺激对猕猴桃愈伤组织 ATP 含量的影响［J］. 中国生物工程杂志，2003（05）：23
［22］ 魏学海. 植物音频促长装置的研究与设计：［硕士学位论

文]．哈尔滨：东北农业大学，2004
[23] 张璋．专家质疑声频增产技术．科学时报，2002-08-09
[24] 李旭英 等．空间电场对植物吸收 CO_2 和生长速度的影响 [J]．农业工程学报，2007，23（10）：177—181
[25] 马正义．温室空间电场/二氧化碳同补理论与实践[J]．世界农业，2005（07）：49—52
[26] 马正义 等．适应现代农业的物理新技术 [J]．农机科技推广，2004（12）：26～27
[27] 南开大学 等．昆虫学下册 [M]．北京：人民出版社，1980：193—195
[28] 梁希文，龚利平．电子杀虫灯结构的技术分析 [J]．现代农业装备，2007（06）：63～65
[29] 林仁荣．磁处理技术在农业中的应用 [J]．福建农业大学学报，1999（04）：509～512
[30] 第二届全国农业物理应用技术研讨会会议纪要 [J]．激光生物学，1996（03）：910～911
[31] 刘士洲 等．种子磁化技术 [J]．农业工程，2007（08）：59～60
[32] 宋亚英，陆生海．温室人工补光技术及光源特性与应用研究 [J]．温室园艺，2005（01）：28～29
[33] 马正义．物理农业——农机推广新领域 [J]．农业开发与装备，2008（04）：20—21
[34] 武龙，李里特．电生功能水在农业领域的应用 [J]．农业工程学报，2003（11）：127—129
[35] 张华．物理农业工程技术的应用 [J]．现代农业装备，

2009（03）：54—55
［36］ 张丽华，杨建．物理农业的现状及其发展前景［J］．吉林农业科学，2003（03）：50—54
［37］ 赵宏钧，张皓臻．物理农业技术的应用与发展［J］．农业装备技术，2005（05）：28—30
［38］ 李社潮．物理农业技术与市场前景［J］．农业机械，2008（2B）：60—62
［39］ 胡伟．从“对牛弹琴”到现代物理农业工程技术［J］．当代农机，2006（05）：5
［40］ 胡伟．现代物理农业工程技术的机遇与挑战［J］．天津科协，2007（04）：16—17
［41］ 胡伟，张宝乾，孙岩．发展现代物理农业 促进农业科技升级［J］．天津科技，2005（06）：11—12
［42］ 白亚乡 等．物理技术在农业生产中的应用进展［J］．沈阳农业大学学报，2003（06）：232—235
［43］ 金仲辉．物理技术在农业上的应用［J］．现代物理知识，1993（05）：149—152
［44］ 许杰．物理技术与农业现代化的关系研究［J］．内蒙古农业科技，2007（02）：85—87
［45］ 程永盛 等．磁场处理对农作物产生的效应概述［J］．世界科技研究与发展，2004（06）：57—60
［46］ 吴会昌．物理农业设备在无公害蔬菜生产中的应用［J］．辽宁农业科学，2006（03）：61—62
［47］ 付三玲 等．激光技术在农业上的应用及趋势［J］．农机化研究，2006（08）：189—190

［48］ 陈欣．声波促进植物生长装置的研制及其在研究水稻种子对声波刺激的应激效应中的应用:［硕士学位论文］.重庆：重庆大学，2003
［49］ 马正义 等．温室土壤线虫病害的电处理方法［J］．农业工程技术(温室园艺)，2006（12）：20—23
［50］ 马正义，刘滨疆．土壤线虫的电处理方法［J］．农业科技推广，2006（10）：36—37
［51］ 任忠民 等．磁化水渗灌装置［J］．农机化研究，2006（06）：131—132
［52］ 孙一源，余登苑．农业生物力学及农业生物电磁学［M］．北京：中国农业出版社，1996
［53］ 朱启臻.农村社会学[M].北京:中国农业出版社,2002.7
［54］ 沈亨理．农业生态学［M］．北京：中国农业出版社，1996．10
［55］ 金仲辉，梁德余．大学基础物理学［M］．北京：科学出版社，2000．5
［56］ 宋樱，胡伟．现代物理农业装备开发现状分析［J］．中国农业机械学会 2008 年学术年会论文集：689～691
［57］ 胡伟，宋樱．我国现代物理农业工程技术的应用与发展［J］．农业技术与装备，2010（03）
［58］ 宋樱，胡伟．现代物理农业设备开发现状［J］．农业科技推广，2010（03）
［59］ 胡伟，张宝乾，宋樱．天津市现代物理农业工程技术发展研究，2010 中国农业机械化论坛论文集
［60］ 胡伟，宋樱．发展现代物理农业的意义［J］．农机科技

推广，2010（04）
［61］ 胡伟．物理农业：值得关注的新领域［J］．农机市场，2010（04）
［62］ 刘滨疆．雍红波．国内外物理农业的发展趋势［J］．农业技术与装备，2010（03）
［63］ 刘明伟．物理农业实用技术应用研究［J］．农业科技与装备，2010（02）
［64］ 侯天侦，李保明 等．侯凯植物声频控制技术的研究及应用进展［J］．中国农业大学学报，2010（02）
［65］ 桑陌．新兴科技为绿色农业保驾护航［J］．农业技术与装备，2010（03）
［66］ 李中华．物理农业工程技术应用初露锋芒．中国农机化导报，2010-03-29
［67］ 刘滨疆．现代物理农业模式及其应用［J］．农业技术与装备，2010（03）
［68］ 张宝乾．现代物理农业工程技术的开发应用［J］．农机科技推广，2010（04）
［69］ 杨兆民．孔彦物理技术在我国农业生产中应用的研究［J］．广东农业科学，2010（08）
［70］ 滕昀昀．畜禽舍空气电净化防疫系统的原理及应用［J］．农业技术与装备，2010（03）
［71］ 郝丰园．点亮农业的绿色之火［J］．农业技术与装备，2010（03）
［72］ 李文平．等离子体种子处理技术在衡水农业生产中的试验与推广［J］．吉林农业，2010（07）

[73] 安玉，吴有林．智能害虫捕杀器的研究［J］．安徽农业科学，2010（02）
[74] 范向阳．温室物理农业装备技术研究［J］．农业科技与装备，2009（12）
[75] 何永梅．声波助长技术在蔬菜生产上的应用［J］．农家参谋，2009（12）
[76] 金晨．声波助长仪应用效果研究［J］．农业技术与装备，2010（03）
[77] 杨秀兰．空间电场在温室种植生产中的应用［J］．农业工程技术（温室园艺），2009（12）
[78] 孙玉亭．空间电场技术初探［J］．农业技术与装备，2010（03）
[79] 范向阳，刘滨疆．空间电场调控技术在菇房香菇栽培中的应用［J］．农村实用技术，2010（04）
[80] 姚秀芳．物理农业技术在伊犁州的应用［J］．新疆农机化，2010（06）
[81] 秦贵，张艳红，宫少俊．北京市设施农业机械化技术应用研究［J］．农机科技推广，2010（07）
[82] 陈淑英，李旭英 等．空间电场对土壤水分和大麦生长的影响［J］．农业工程学报，2010（02）
[83] 寸待菊，马艳清 等．频振式杀虫灯对蔬菜害虫的杀虫效果［J］．云南农业科技，2010（03）
[84] 朱运华，何杨林，杨普香．巴克星杀虫灯在茶树害虫防治和预测预报中的应用［J］．蚕桑茶叶通讯，2009（12）
[85] 杨厚堃，郭巧玲，王红霞．佳多牌频振式杀虫灯监测诱

杀美国白蛾试验［J］. 安徽农学通报（下半月刊），2010（04）

［86］ 施小勇. 基于超级电容器式太阳能杀虫灯的设计研究［J］. 南方农机，2010（06）

［87］ 王彬，程雪. 单色光谱 LED 灯在温室害虫诱杀中的应用［J］. 安徽农业科学，2010（05）

［88］ 李丽霞，樊会丽 等. 郑州市蔬菜病虫害绿色防控技术初报［J］. 中国果菜，2010（07）

［89］ 徐加利，高兴文 等. 3 种频振式杀虫灯田间应用效能评价［J］. 山东农业科学，2010（05）

［90］ 王蓉，肖卫平，王国先. 佳多牌太阳能杀虫灯对水稻害虫的控害效果研究［J］. 现代农业科技，2010（03）

［91］ 可欣，王秀英 等. 频振式杀虫灯防治玉米螟效果研究［J］. 现代农业科技，2010（03）

［92］ 杨向东，董建臻 等. 冀西北坝上地区几种杀虫灯的筛选及在无公害蔬菜生产上的应用［J］. 江苏农业科学，2010（04）

［93］ 詹慧敏，徐海莲 等. 频振式杀虫灯在柑橘害虫防治中的应用试验［J］. 中国果树，2010（03）

［94］ 袁深造. 佳多频振式杀虫灯诱杀柑桔害虫试验观察［J］. 广西农学报，2009（12）

［95］ 张明华. 频振式杀虫灯诱杀食用菌害虫成虫效果初报［J］. 福建农业科技，2009（12）

［96］ 张正洪，肖爱金 等. 太阳能频振式杀虫灯推广与应用技术［J］. 湖北植保，2010（01）

[97] 任绍杰. 电场种子处理技术应用研究 [J]. 农业技术与装备，2010（03）
[98] 赵静夫，张淑梅 等. 可控循环生物磁化水在平菇生产中的应用 [J]. 中国科技信息，2010（07）
[99] 时志锋. 促进作物增产的“四种水”. 中国民兵，2010（03）
[100] 张嶷，王向荣. 我国电生功能水应用研究再上新台阶. 中国食品报，2010-05-24
[101] 李彦荣，常瑛 等. 克服弱光寡照障碍的技术研究[J]. 安徽农业科学，2010（01）
[102] 龙智强，周增产 等. 植物工厂人工环境控制栽培室的设计研究 [J]. 北方园艺，2010（08）
[103] 陈勇，王庆莹. 物理农业工程技术及设备简介 [J]. 农业技术与装备，2010（03）
[104] 高英，田强，雷春玲. 等离子体种子处理技术 [J]. 吉林农业，2010（04）
[105] 郝聪慧. 等离子体种子处理技术对大豆生育与产量的研究初报 [J]. 大豆科技，2009（11）
[106] 方晓宇. 等离子体种子处理机处理水稻种子的效果 [J]. 现代化农业，2010（08）
[107] 马学礼，曲庆华 等. 等离子体种子处理机在玉米上应用效果 [J]. 现代化农业，2010（05）
[108] 卢国成. 等离子体种子处理机应用的优点 [J]. 农机使用与维修，2010（06）
[109] 殷旭红，王忠 等. 植物声频控制技术在保护地芹菜上的

应用［J］. 内蒙古农业科技，2008（02）
［110］ 樊荣，周清，赵冬梅. 植物声频控制技术对黄瓜叶绿素荧光特性的影响［J］. 西北农业学报，2010（01）
［111］ 白生龙，田光华 等. 植物声频控制技术在玉米、向日葵上应用初探［J］. 华北农学报，2006（12）
［112］ 侯天侦，李保明 等. 植物声频控制技术在设施蔬菜生产中的应用［J］. 农业工程学报，2009（02）
［113］ 侯天侦，李保明 等. 植物声频控制技术的研究及应用进展［J］. 中国农业大学学报，2010（02）
［114］ 张光. 空间电场调控理论技术及其在葡萄栽培中的应用初探［J］. 北方果树，2009（03）
［115］ 刘滨疆，陈英 等. 畜禽舍空间电场防疫技术方法［J］. 中国牧业通讯，2004（06）
［116］ 宋樱. 现代物理农业工程技术体系发展研究：［硕士学位论文］. 北京：中国农业大学，2009
［117］ 房骏. 引进现代物理农业技术促进设施农业发展［J］. 河北农机，2007（01）
［118］ 贾军，宋樱 等. 功能水的机理与应用研究. 走中国特色农业机械化道路——中国农业机械学会 2008 年学术年会论文集（下册），济南：2008-09-01
［119］ 宋樱. 现代物理农业工程技术文献资料分析. 中国农业机械学会第四届青年学术年会论文集，天津：2007 年
［120］ 陈淑英 等. 空间电场阴极聚水机理及初步试验研究［J］. 农机化研究，2007（12）
［121］ 彭炳惠 等. 空间电场与二氧化碳对黄瓜幼苗光合特性的

影响 [J]. 园艺学报，2009（03）
[122] 陈淑英 等. 空间电场对土壤水分和大麦生长的影响 [J]. 农业工程学报，2010（02）
[123] 李旭英 等. 空间电场对植物吸收 CO_2 和生长速度的影响 [J]. 农业工程学报，2007（10）
[124] 刘滨疆. 环境安全型鸡舍的配置分析与实践 [J]. 中国禽业导刊，2009（10）
[125] 刘滨疆 等. 空间电场对封闭型畜禽舍空气微生物净化作用的监测 [J]. 中国兽医杂志，2005（08）
[126] 赵昌娜. 现代物理农业工程技术体系的构建 [J]. 农机科技推广，2010（10）：58—59

后　记

当我手捧飘溢油墨清香的图书时，内心充满了兴奋与忐忑。

兴奋的是，几年的辛勤工作有了一个定性与定量结合的成果。我们不但用实践推动了现代物理农业工程技术的进步，更用文字记录、总结了它的成效，使之从一些零散的技术碎片变成了一个具有体系的学科雏形。我们充满了劳作的成就感，内心的喜悦和欣慰油然而生。

忐忑的是，我知道在书中记录的一切还是那么的肤浅。实践总结不少，但还不能说充分；理论更是有相当的欠缺，还需要更多的理论与实践来丰富。然而，我们毕竟迈出了坚实的第一步，使一个新兴的交叉学科成型。

就像在一场激烈的比赛中获得冠军，在手捧奖杯的时候首先想到的是感谢一样，我要真挚的感谢那些为现代物理农业工程技术发展、为本书出版做出点点滴滴贡献的领导、同仁和朋友们。

如果要发表获奖感言，那么我想说——

我要感谢中国农业机械学会。学会支持我们组织了两届全国性的现代物理农业工程技术学术研讨会、一次国际农业工程大会专题分会场，为学科的理论讨论搭建了平台，促成了学科的交融和体系的形成。

我要感谢天津市科学技术协会。天津市科学技术协会不仅将本书列入学术著作基金，资助了本书的出版；而且对本学科的建立一直给予了极大的关注和支持。协会主办了物理与现代农业论坛，并资助制作了“物理与现代农业”专题录像。

我要感谢《天津日报》专题部记者周莲娣。是她倾注了极大的热忱和心血，撰写了长篇的现代物理农业专题报道，《天津日报》整版刊登，用生动的语言和形象的笔触面向社会介绍了现代物理农业工程这门新兴的学科。原天津市新闻出版局副局长丛林通过她的专题文章了解到这门学科及有关技术，并非常热情、执着地为本书的出版奔走，最终促成了本书的出版。丛老的这种精神深深地感动了我们，激励我们完成了这这部学术著作的撰写，更坚定了我们把这项工作继续下去的信心。

我要感谢在本书出版过程中给予热情支持的南开大学物理学院周文壮教授、天津科技大学自动化学院杨世凤教授。

我还要感谢全国各地所有从事现代物理工程技术理论研究、试验示范、装备开发的同仁们。大连的马正义、刘滨疆在装备开发上做了大量创新性的工作；山东侯天侦等在声频助长理论方面进行了深入的研究；大连吴策、天津张志超等在种子物理处理的理论与装备研究上也颇有建树；新疆的马俊贵热心地引进这项技术，使之在新疆落地开花；天津农机系统的同志们积极地推进技术试验、示范和推广，还开发了相应的技术装备；山东、江苏、北京、吉林等地的同仁，也在技术开发和推广应用方面做了大量的工作。我们正是在全国同行实践与研究的基础上编撰的本书，字里行间饱含了大家对这门学科发展所作的贡献，因此，可以说这本书是全国同仁辛勤劳作的结晶。

最后，我想说，本书的出版只能看作是我们在现代物理农业工程技术研究与实践方面的一个良好的起步，热切的希望更多人加入到这个队伍中来。正是："路漫漫其修远兮，吾将上下而求索。"本书的出版也算作是一种抛砖引玉，真诚地希望更多人来关注、关心和支持现代物理农业工程技术的发展，甚至期望大家不断对本书提出质疑，使这门新兴的学科在不断的质疑中丰富、成熟、发展起来！

2011 年 5 月